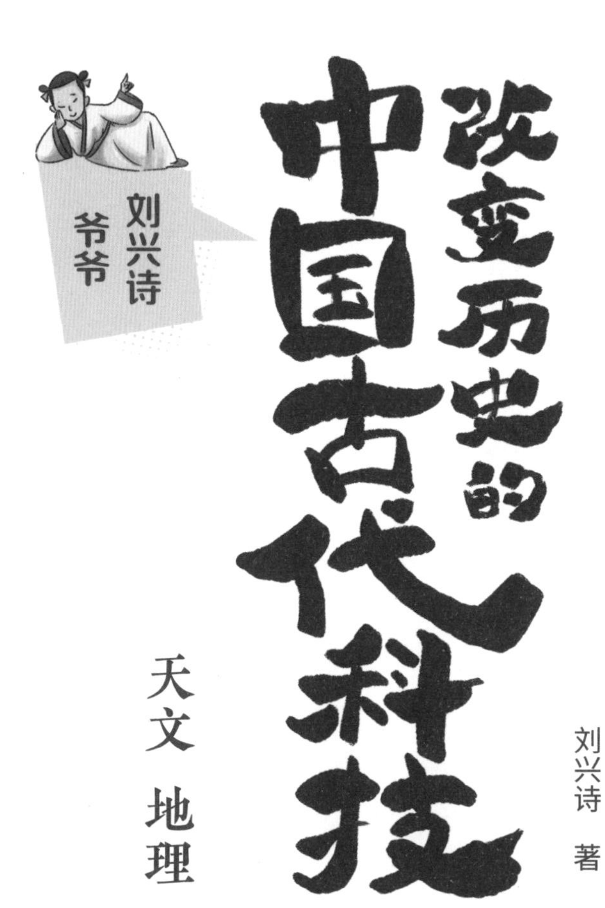

改变历史的中国古代科技

天文 地理

刘兴诗 著

人民邮电出版社
北京

天文

地理

改变历史的中国古代科技

满眼繁星满眼空，
多少憧憬在心中。
休道夫子今宵狂，
七重天外梦。
一页历书一页记忆，
数不尽的春夏秋冬。
掐指算来几甲子？
还问山林皓发老翁。

一张四鸟绕日图案的金箔

春去秋来四季分

▶瞧，这是一张薄薄的金箔，展现出一个美妙的图案。

一轮金色太阳放射出十二道光芒，环绕在周围的四只飞鸟正张开翅膀自由自在地飞翔。鸟儿紧紧挨着太阳，没有一丁点儿拘束的样子。四只飞鸟张着嘴，微微仰起脑袋，仿佛在仰望熙和的太阳，表露出无限亲切的样子，面对无边无垠的苍天和大地，发出一声声出自内心的欢快鸣叫。

这轮神奇的金色太阳仿佛有温度。从它那朝向四方发散的光芒中，似乎能够感受到微微的暖意。

这个神奇的图案好像还有声响。围绕在四周的飞鸟图案，明显表现出鸟儿仰天鸣叫的样子。不用平凡的耳朵，而用心灵仔细谛听，仿佛真的能够隐隐听见飞鸟鸣叫的声音。

这个剪纸般的图案，呈现出温馨祥瑞之貌，也反映出当时的气候十分温和。生命和大自然完全融合为一体，这才是真正的万物生长靠太阳。仔细想一想，这轮金色太阳的十二道光芒和四只飞鸟，似乎不是随意选择的。很可能当时人们已经有了四季和十二个月的概念，产生了原始的历法，才出现了这个看似简单，其实奇妙无比的图案。

成都金沙遗址博物馆

约 3000 年前 | 古蜀人

啊，这是什么东西？是从哪儿来的？

这是成都金沙遗址出土的四鸟绕日金箔（也叫太阳神鸟金饰）。这个图案包含了丰富的意义，被定为中国文化遗产的标志。

从这个图案看，我国最晚在 3000 年前的商周时期，就牢牢树立了四季的观念。这一观念没准儿还萌芽在更早的时候呢。

为什么这样说？因为四季的观念是在原始农业时期诞生的。更加久远的时候，人们不种庄稼，只靠打猎和吃野果子为生，稀里糊涂过日子，压根儿就分不清春夏秋冬。《庄子 · 盗跖》描述当时的情况说：“神农之世，卧则居居，起则于于。民知其母，不知其父……”《淮南子》中的“当

此之时，卧倨倨，兴眄眄。一自以为马，一自以为牛。其行蹎蹎，其视瞑瞑。侗然皆得其和，莫知所由生……”这几句话，十分生动地描写出那时候的人们浑浑噩噩的，像牛马等动物一样，吃饱了就躺着呼噜呼噜睡大觉。人们连自己的爸爸是谁都不知道，还会关心一年四季的划分吗？

是的，在远古时期，不管怎么说，人们总也分得清冷和热。真正的季节划分，却是由于农业生产和生活的需要才逐渐形成的。

季节划分总要有具体的时间呀。《礼记·月令》把不同的季节和天文现象联系起来说：“孟春之月，日在营室，昏参中，旦尾中”“仲春之月，日在奎，昏弧中，旦建星中”“季春之月，日在胃，昏七星中，旦牵牛中”。这是对春的划分，后面还分别说明了夏、秋、冬的划分方法。

中国传统的季节划分，考虑到太阳高度和昼夜长短的变化特征，以夏至、冬至、春分、秋分为各个季节的节点，含有明显的天文学意义。西方的季节划分以立春、立夏、立秋、立冬为各个季节的起点，更多考虑气候学的意义。

这里说的“日”是太阳，“昏”和“旦”分别是黄昏和清晨，“中”是正南方地平线的意思，别的都是星宿和具体星星的名字。由此可知，原来古时候季节的划分，是根据地球围绕太阳公转时，星星不同时候出现在南方地平线的位置而定的。这样的季节划分很准确，对农业生产和生活都有指导意义，也有天文学的意义。

天地构造的争论

你说天圆地方，我说天地像鸡蛋，
他说天空没有边

古时候人们抬头看天，低头看地，不知道天地到底是什么形状，便开始动脑筋猜测。

早在春秋时期，人们就觉得，天就像一个倒扣着的大锅，覆盖着广阔平坦的大地。后来一首古诗说“天似穹庐，笼盖四野”，也是同样的天地描述。

说白了，这就是“天圆地方”。这种观点叫作“盖天说”。

针对这个说法，人们提出了一个又一个问题。

如果天是圆的，地是方的，二者怎么能够扣得紧紧的？

主张这个说法的人修正说，地也是圆的，好像一个倒扣着的盘子，和天空一样都是朝上拱起的。

如果真是这样，太阳在这口锅里怎么运行呢？

主张这个说法的人解释说，太阳在这口倒扣的锅里，一年有七条路，称为“七衡”。夏至的时候，太阳走最里面一条叫“内衡”的路，冬至走最外面一条叫“外衡”的路。这个说法解释了夏至和冬至、昼夜长短和冷热不均的现象。其他季节，太阳沿着另外五条路运行。太阳的整个运行系统被称为“七衡六间”。

“盖天说”有许多漏洞，过了不久就渐渐退出了有关这个问题的学术论坛。

第二种观点是“浑天说”。

这个说法认为天好像一个鸡蛋，地像中间的蛋黄；天包着地，就好像蛋壳包着蛋黄一样。

浑仪结构图

浑天说认为天球绕着穿过南北天极的轴不停旋转。垂直于南北极的轴线，把天球平分成南北两半的大圆是天赤道。和天赤道斜交的大圆是黄道。太阳沿着黄道

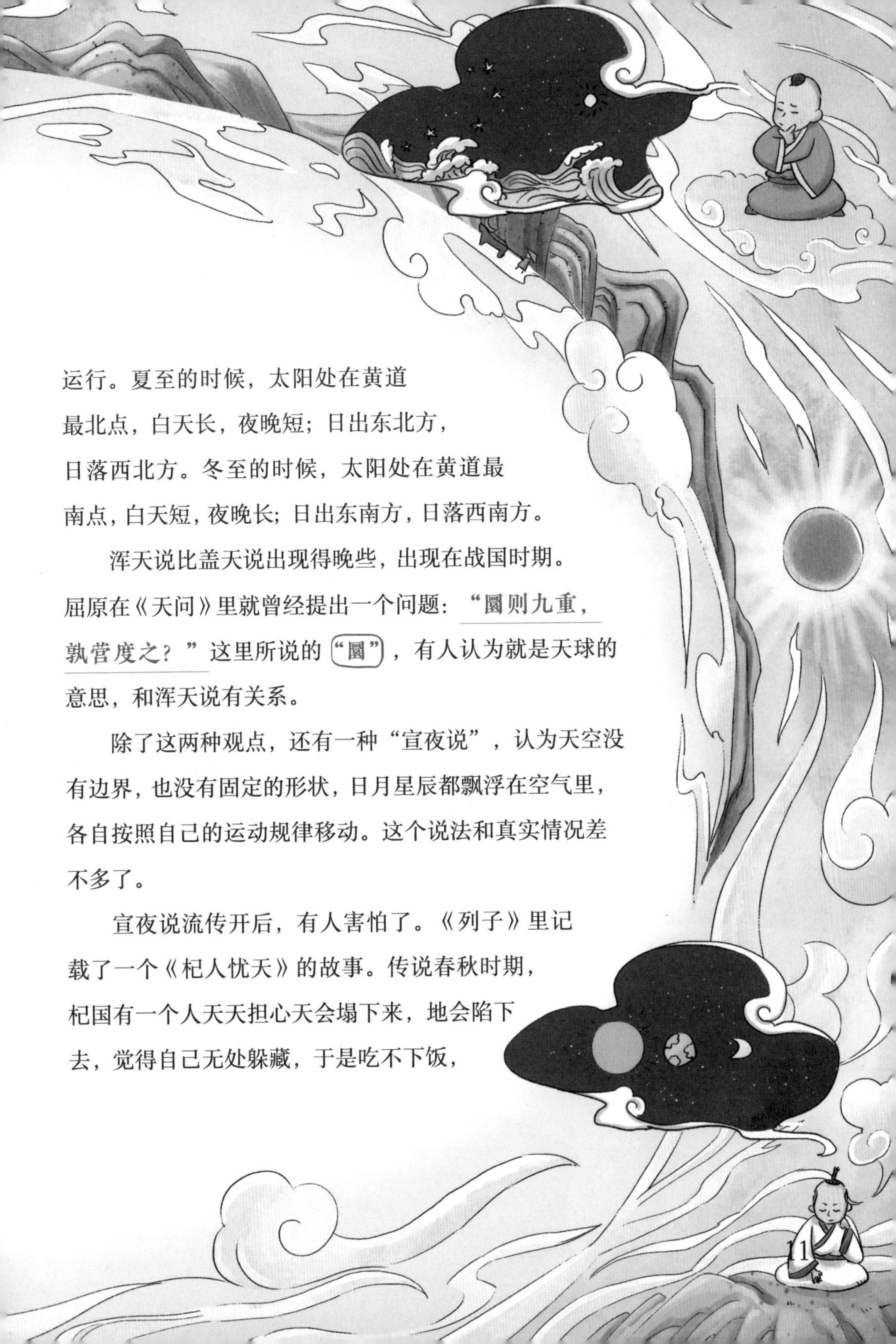

运行。夏至的时候，太阳处在黄道最北点，白天长，夜晚短；日出东北方，日落西北方。冬至的时候，太阳处在黄道最南点，白天短，夜晚长；日出东南方，日落西南方。

浑天说比盖天说出现得晚些，出现在战国时期。屈原在《天问》里就曾经提出一个问题：“圜则九重，孰营度之？”这里所说的“圜”，有人认为就是天球的意思，和浑天说有关系。

除了这两种观点，还有一种“宣夜说”，认为天空没有边界，也没有固定的形状，日月星辰都飘浮在空气里，各自按照自己的运动规律移动。这个说法和真实情况差不多了。

宣夜说流传开后，有人害怕了。《列子》里记载了一个《杞人忧天》的故事。传说春秋时期，杞国有一个人天天担心天会塌下来，地会陷下去，觉得自己无处躲藏，于是吃不下饭，睡不着觉，整天忧心忡忡，后来又听劝解他的人说天空无边无际，是一团空气，砸不着人。但是他想，日月星辰都飘浮在空气里，万一掉下来，砸在脑袋上岂不是也会要命吗？

这个人的担心是不是多余的？大家帮他解释一下吧。

瞧吧，2000 多年前的春秋战国时期，咱们的老祖宗就提出了各种各样对天地构造的解释，真了不起呀！

曾子记述他的老师孔子的话说：“天道曰圆，地道曰方。”照这样说，孔子是不是认为天圆地方？

老子在《道德经》里说：“人法地，地法天。”既然天是圆的，那么地也是圆的。

盖天说、浑天说、宣夜说各有什么特点？

天空中的“时间”

布谷鸟叫，北斗星移动，
都暗示一个消息

请问，人们什么时候开始注意时间和季节？

原始社会初期，人们绝对不会关心这个问题。稀里糊涂的元谋人和北京猿人只知道打猎吃肉，整月甚至整年昏昏沉沉过，脑筋还没开窍，才不管春夏秋冬呢。到了传说的神农时期，人们学会种庄稼以后，才开始关心这个问题。道理很简单，不管种麦子，还是种稻子，都得看天吃饭，不抬头看天怎么行？

我们的祖先最早划分季节，是从眼见的物象开始的。什么草变绿，什么花开，什么花谢，什么鸟儿飞来，什么野兽出现，就是什么时间。

李商隐有一首诗，讲到了爱民如子的古蜀国国王望帝，说“望帝春心托杜鹃”。传说望帝禅位给比自己更加高明的从帝后，归隐西山不问政事。可是他还是

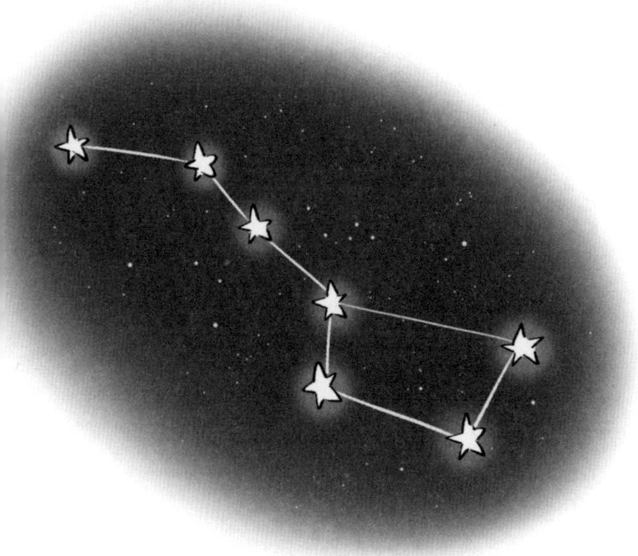

放心不下老百姓，死后就变成一只杜鹃，每到春天就飞回来，“布谷，布谷”（因而又得名布谷鸟）地叫，提醒人们该布谷插秧了。

这种时间计算法，叫作物象授时。

当然啰，这比北京猿人进步多了。可是鸟兽活动没有确切时间，花开花谢也不能精确到分秒。用这种方法指导农业生产，安排日常生活，不消说，会出一些娄子。

随着时间的推移，人们的认知一天天进步，逐渐注意到天空中星星的移动也暗示了季节变化。人们最早注意到的，是北斗星中斗柄位置的三颗星星的指向。古人说：“斗柄东指，天下皆春；斗柄南指，天下皆夏；斗柄西指，天下皆秋；斗柄北指，天下皆冬。”

这种方法叫作斗柄授时，比物象授时进步得多。

这就够了吗？才不呢。北斗星的斗柄指示不是太明显，要再想一种更精确的方法才行。

人们注意观察天象，发现随着时间和季节的变化，不仅北斗星的斗柄会在空中绕圈子，一颗颗星星也会慢慢移动位置。于是，人们根据黄昏时刻，一些星星移动到南方天空正中央的时间，发明了确定季节的方法。

《礼记 · 月令》中说，黄昏时候，参宿升起在南方天空正中央，春天就开始了。接着，后文叙述了仲春、季春，以及夏季、秋季、冬季不同阶段升起的是什么星星，这就可以更加确切地划分季节了。

这种方法叫作中星授时，比斗柄授时进步。

天上的星星可以确定季节，月亮、太阳同样可以，于是后来又有了月相授时、日影授时的方法，前者根据月亮的阴晴圆缺来划分季节，后者根据太阳影子的长短来划分季节。

日晷结构图

斗柄授时、中星授时、月相授时、日影授时都属于观象授时。随着人们对时间和季节的划分越来越清楚，农业生产水平和人们的生活水平也越来越高了。

我国出土的新石器时代陶器上，已经有弯弯的新月图案了，表示当时人们已经清楚从圆到缺的月相变化。

安排365天的历法

你说一年有365天，其实多一点，
要写进历法怎么办？

一年的日子怎么安排？

这还不好安排吗？一年12个月，365天。大月31天，小月30天，挨着顺序排呗。

不，事情可没有那样简单。过去我国使用的是阴阳历，具有阴历和阳历的双重特点。根据地球围绕太阳公转一周的一个回归年，阳历（年）并不是整数365天，而是365.2422日。根据月球环绕地球一周的朔望月，阴历（月）不是整数30天（或者29天），而是29.53059日。所以年、月、日三者不是整数倍的关系，不管什么历法都只能表示年、月、日三者的近似关系，时间长了就会和实际的天象偏差越来越远。历法的一大作用是安排日常生活、指导农业生产，偏差积累到相当程度就会造成问题，必须修改或者废除原来的历法，使用新历法。这就是几千年来我国历法不断修改的根本原因。加上一些愚昧的皇帝，自以为了不起，一上台就一脚踢开原本用得好好的历法，另外搞一种适合他这个“真龙天子”的新历法，因此，

我国古代历法的演变

春秋时期	秦	汉
“十九年七闰制”	《颛顼历》	《太初历》

很长一段时间里历法乱象十分严重。

撇开这些讨厌的“真龙天子”的干扰，让我们来看一看我国古代历法的演变吧。

春秋时期，人们用的是“十九年七闰制”，就是19年里设置7个闰年，用来解决年、月、日三者不是整数倍的关系的问题。不消说，这种历法十分粗略，不能长期使用。

战国时期，各国有各国的历法，没有统一标准。秦始皇统一六国后，就废除了这些五花八门的历法，使用《颛顼历》代替“古六历”。

《颛顼历》用了不久也有问题了。汉武帝就召集落下闳、邓平等民间天文学家，创立了“八十一分法”，编制了《太初历》。《太初历》规定一个回归年为约365.2502日，这是一年的真实长度。一个朔望月为约29.53086日，这是一个月的真实长度。这两个数值已经十分接近现代数值了。我国后来的历法都是在这个基础上产生的。

这种历法还包括一年里每一天的

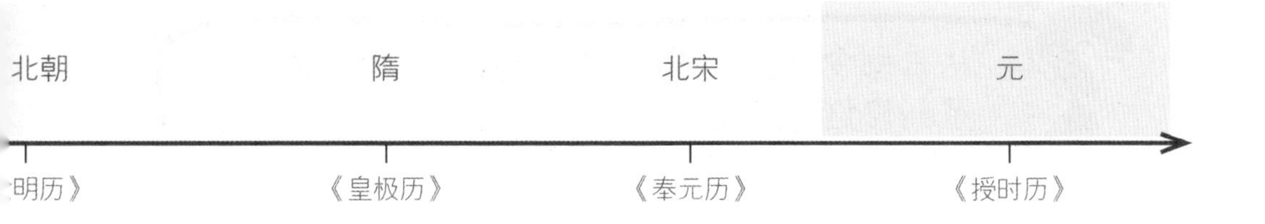

历日安排制度，日食和月食周期，金、木、水、火、土五大行星运行情况，二十四节气测定，二十八宿天文坐标……内容非常丰富。《太初历》确立的孟春正月为一元之始的历日制度，一直沿用到今天。《太初历》还第一次把二十四节气编进历法，确定了新的闰月概念。为了纪念落下闳，天空中有颗小行星，就被命名为“落下闳星”。

你猜，汉代的落下闳和邓平，还有一个唐都，在哪儿研究天文、修订历法？信不信由你，他们竟在四川盆地的阆中，用自制的天文仪器观测星象。到过四川的人都知道，那儿几乎每天都是阴天，一年里很少看见太阳的面孔，所以才有“蜀犬吠日”的说法。落下闳在这里观察星星，是不是表明当时的气候情况和现在有很大的差别？要不，他们怎么会选择在那里看星星呢？

南北朝时期，祖冲之编制了《大明历》，其中考虑了“月行迟疾”和“岁差”，和过去的历法相比更加先进。

隋代刘焯编制的《皇极历》，考虑了太阳运行的不均匀性。他创造的“定气法”，可以更加精确地计算节气开始的时间。

北宋时期民间天文学家卫朴编制的《奉元历》，计算出地球围绕太阳公转一周的回归年等于365.2436日，与今天实际测量的相当接近，是当时最精确的历法。

元代郭守敬创造新仪器，重新测定了一些基本天文数据，更加精确地反映出太阳和月球的运动规律。他编制出最优秀的《授时历》。

从古到今只用一种历法不好吗？为什么历法要不断修订？

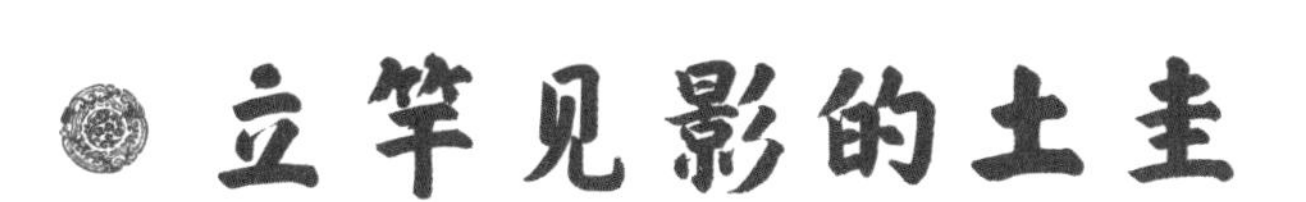

立竿见影的土圭

周公测日影，土圭分春秋

河南登封有一座周公测景台。

“测景台”是什么？它是测量风景区有多大、观察风景的地方吗？是不是这儿的风景很好看，周公没事就站在台上看风景？

不是的，这里说的“景”，不是一般的风景，而是“影”的意思。

这又奇怪了，周公放着正儿八经的事情不做，跑到这里看影子干什么？

喔，可别这样说，这件事比什么事情都正经。周公才不会没事找事做，跑到这儿来胡闹呢。

他在这儿看什么影子？是不是看山的影子，看树的影子，顾影自怜欣赏自己的影子？

才不是呢，他在这儿观测太阳的影子。

太阳在高高的天上，他怎么看太阳的影子?

土圭是什么东西？是不是写错了字，是土里的乌龟?

哈哈，才不是呢！这是一种测量太阳影子长短的工具，从某种意义上来说，是最古老的计时仪器之一。其实它就是一根木头杆子，再简单不过了。

测量太阳影子的办法很简单。平地竖立一根木杆，就能观察太阳影子在地上的长短变化了。所谓立竿见影，就是这么一回事。谁都知道太阳照射着木杆，木杆后面就会拖着一条黑乎乎的影子。一天中，早晚的太阳影子长，中午的太阳影子短。不同季节的太阳影子也有不同的变化。

他这样用心看太阳影子的变化干什么?

这是为了划分季节呀。

他在这里仔细观测，把每天测量的太阳影子长度记下来。根据每天中午太阳影子的变化，他发现了不同季节的变化。他把一年里太阳影子最长的那一天定为“冬至”。这时候太阳直射南回归线，北半球的白天最短。他把太阳影子最短的那一天定为“夏至”。这时候太阳直射北回归线，北半球的白天最长。根据太阳影子长短的变化，他把一年中太阳影子最长的一天，到下一年太阳影子最长的一天的时间，定为一个回归年。

一年里两个太阳影子长度相

等、昼夜时刻相同的日子，分别叫作“春分”和“秋分”。这样一来，四季就可以清清楚楚划分出来啦。那时候是农业社会，要种好庄稼，不知道季节变化的规律可不行。

利用土圭，不仅能够分出四季，还能分清地理位置。所谓“测土深”，就是通过测量土圭显示的太阳影子长短，求得不东、不西、不南、不北之地，将其定为“地中”。帝王就在这里建立居住的王城，治理整个国家。

周公不仅是有名的政治家，也是天文学家。作为政治家，他必须关心农业生产，而要指导老百姓搞好农业生产，必须弄清楚季节和时令。

啊，想不到天文学也能为政治服务。想不到政治家也认真关心科学，顺应人民和大自然的规律，建立人间和科学的新秩序。

古时候，河南登封叫阳城。西周时期，周公认为这里就是不东、不西、不南、不北之地，是中原大地的中心，于是将这里定为“天下之中”。这体现了中国古代的天地观。

闪闪发光的“郭守敬星”

北京积水潭，登封观星台，
都记录了他的功绩

太行山下的邢台北郊，从前有一座石桥。经过宋金和金元战争破坏，加上泥沙淤塞，石桥早就没了影子。想不到有一个青年竟通过自己的观察，一下子找到了桥基，真了不起呀！

这算不了什么，他小时候还曾经露过一手。北宋时期，有一种名叫莲花漏的计时器。他看了莲花漏的图纸，就摸索出它的制造方法。人们感到非常惊奇，说这个孩子不简单，长大了必定是一个人才。

这个孩子是谁？请牢牢记住他的名字——郭守敬，后来他成了天文学家、数学家、水利学家和仪器制造家。

郭守敬长大后，面对的第一个难题，就是修筑一条通往京城大都的运河。

大都在哪儿？就是今天的北京呀，也是金朝和元朝的首都。要维持首都的经济发展，特别是确保粮食的供给，必须从遥远的南方通过大运河运送粮食。可是，当时大运河的终点在大都城区东边的通州，粮船到了这里，

还得从陆路转运。这样不仅很麻烦，也跟不上水运的运输量，使人伤透了脑筋。唯一的办法，就是把大运河延长到大都城内。可是通州的地势比大都城内低得多，水怎么可能往高处流呢?

人们想，只要从大都的西边引水过来，就可以完成计划了。想不到大都西边只有西北郊外的高梁河和西南方来的凉水河，水量压根儿就不够。金朝人曾经从石景山北面的西麻峪村开了一条运河，把浑河（今天的永定河）的水引出西山，使它一直流到通州。可是浑河由于泥沙很多，不仅容易淤积，还会在洪水季泛滥成灾。这条运河只开通了15年，就因山洪决堤而淤塞了。

到了元朝，这个任务落在郭守敬的肩上。一开始，他也碰了两次钉子。

元代大运河路线示意图

第一次，他看上了大都西郊玉泉山的那股泉水。这股水流出玉泉山后又分为南北两股。南边一股流进瓮山泊（今天颐和园的昆明湖），再和北边一股汇合，继续向东流，成为清河的上源。郭守敬计划把这股水向南引进高梁河，就能和大运河连通了。可是由于水量太小，这个方法依旧不能解决问题。

第二次，他在解决了泥沙问题后，也利用浑河水补充水源。不料，由于新开的河道坡度比较大，水流比较急，粮船无法逆流而上，同样不能把粮食运进大都城内。

经过两次失败的教训，他将昌平的神山（今天的凤凰山）脚下的白浮泉水引入瓮山泊，将其称为通惠河。新开运河的水量立刻大大增加。清清的泉水里泥沙很少，加上一道道闸门控制各段水位，沉重的粮船就可以一直开到大都城里的积水潭了。积水潭成为整条大运河的终点码头，一时热闹极了。

郭守敬的故事还没有完呢，更大的贡献还在后面。

元朝刚刚建立的时候，用的还是从前的《大明历》。由于《大明历》使用的时间很长，积累的误差越来越大，好几次推算的结果都和实际现象不吻合，必须重新修改。为了解决这个问题，元世祖忽必烈命令精通天文、数学的王恂干这件事，调动全国各地的天文学者，共同参加这个工作。王恂想起了老同学郭守敬，邀请他一起完成这个任务。于是，郭守敬就从热火朝天的水利部门，被调到了冷冷清清的天文部门。

要重新制定历法，必须仔细观测星象。可是元朝的观星仪器是从金兵手里缴获的，都是金兵从北宋掳去的战利品，早就残破不全了，郭守敬只能自己重新制造。

古代制定历法最基本的天文观测仪器是圭表，用于测定二十四节气，特别是冬至和夏至的确切时刻。可是旧圭表的太阳影子边界不清楚，测量就不准确，而且旧圭表也不能用于观测月亮和星星的影子。郭守敬把圭表的表竿加高到原来的 5 倍，使观测时的表影也加长，再按比例推算各个节气时刻的误差就大大减小了。现在河南省登封市有一座古老的观星台，至今还保存着郭守敬制造的圭表。当地人给这个圭表取名为“量天尺”。

郭守敬望远镜

中国科学院国家天文台将国家重大科技基础设施 LAMOST 望远镜命名为“郭守敬望远镜”。

他又制造出了一个叫作“景符”的仪器，使照在圭表上的日光通过一个小孔再射到圭表表面，影子的边缘变得很清楚，就能准确测量影长了。他还发明了一个叫作“窥几”的仪器，它在微弱的星光和月光下也可以用来观测。

为了修订历法，郭守敬总共创造了 12 种仪器和工具。经过一系列的工作，郭守敬终于和并肩战斗的同伴们，成功制定了精确的《授时历》。

为了纪念郭守敬，人们将天空中的一颗小行星命名为“郭守敬星”。

郭守敬从黄土高原，顺着中条山，沿黄河故道测量地形，首创了以海平面作为水准测量的基准面，创立了“海拔”的科学概念。

实用的二十四节气

昨夜大寒，霜降茅屋如小雪；
今朝惊蛰，春分时雨到清明

咱们中国主要位于中纬度，历朝历代都以农业立国，老百姓长期以来都是靠天吃饭。怎么顺应天时地利种好庄稼，让老百姓吃饱饭，就是天字第一号的大问题。地利不消说了，各地都要好好研究土地爷的脾气，因地制宜发展生产。天时就得看老天爷的脸色，制订一套种植、收获及生活起居的时间表。

一年不是有四季、十二个月吗？按照四季生产不行吗？

不，四季太粗略了，十二个月也不够，还得划分得更加细致才行。

我们的祖先慢慢摸索着，把每个月分为两个“气”。前面一个叫“节气”，后面一个叫“中气”。十二个月的“气”加起来，就是“二十四节气”。

二十四节气并不是简单划分的，而是劳动人民根据黄河中下游地区的实际情况，在生产和生活中长期总结出来的。

说长期总结，到底有多长？

噢，认真说起来，那就很长了。早在西周初期和春秋时期，人们就定

出了冬至、夏至、春分、秋分，战国后期又在“二至”“二分”之间，加上四个“立日”——立春、立夏、立秋、立冬。到了西汉初期，二十四节气才最后形成。掰着手指算，前后经历了七八百年，可不短呀！

经过了这么长时间的积累，人们的经验就非常丰富了。这样划分出来的节气，无论对农业生产还是生活，都有很大的指导意义。

二十四节气仅仅是农民的土经验吗？

不，其中还包含有严格的天文学含义。

农民面朝黄土背朝天，埋着头种庄稼，怎么会跟深奥的天文学扯上关系？

当然有关系啊！因为种庄稼要顺应季节，季节划分和地球环绕太阳运动有关。前后联系起来，怎么会没有关系呢？

现在我们就来看一看二十四节气是怎么一回事吧。

农历的正月节是立春。这时候从地球上看，太阳正运行到黄道 315° 的位置。

正月中是雨水，这时候太阳在黄道上运行到 330° 的位置。

二月节是惊蛰，这时候太阳在黄道上运行到 345° 的位置。

二月中是春分，这时候太阳在黄道上运行到 0° 的位置。

三月节是清明，这时候太阳在黄道上运行到 15° 的位置。

三月中是谷雨，这时候太阳在黄道上运行到 30° 的位置。

四月节是立夏，这时候太阳在黄道上运行到 45° 的位置。

四月中是小满，这时候太阳在黄道上运行到 60° 的位置。

五月节是芒种，这时候太阳在黄道上运行到 75° 的位置。

五月中是夏至，这时候太阳在黄道上运行到 90° 的位置。

六月节是小暑，这时候太阳在黄道上运行到 105° 的位置。

六月中是大暑，这时候太阳在黄道上运行到 120° 的位置。

七月节是立秋，这时候太阳在黄道上运行到 135° 的位置。

七月中是处暑，这时候太阳在黄道上运行到 150° 的位置。

八月节是白露，这时候太阳在黄道上运行到165° 的位置。

八月中是秋分，这时候太阳在黄道上运行到180° 的位置。

九月节是寒露，这时候太阳在黄道上运行到195° 的位置。

九月中是霜降，这时候太阳在黄道上运行到210° 的位置。

十月节是立冬，这时候太阳在黄道上运行到225° 的位置。

十月中是小雪，这时候太阳在黄道上运行到240° 的位置。

小知识

夏至后的81天叫“夏九九”，冬至后的81天叫“冬九九”。其中三九天最冷，流传的谚语说：“一九二九不出手，三九四九冰上走，五九六九沿河看柳，七九河开，八九雁来，九九加一九，耕牛遍地走。”

俗话说：“冷在三九，热在三伏。”三伏天从夏至后第三个庚日开始，分为初伏、中伏和末伏。俗话说：“小暑不算热，大暑三伏天。”又有谚语说：“头伏萝卜二伏菜，末伏有雨种荞麦。”

十一月节是大雪，这时候太阳在黄道上运行到255° 的位置。

十一月中是冬至，这时候太阳在黄道上运行到270° 的位置。

十二月节是小寒，这时候太阳在黄道上运行到285° 的位置。

十二月中是大寒，这时候太阳在黄道上运行到300° 的位置。

其中，从立春到谷雨是春季，又可以进一步划分为孟春、仲春、季春；从立夏到大暑是夏季，可以划分为孟夏、仲夏、季夏；从立秋到霜降是秋季，可以划分为孟秋、仲秋、季秋；从立冬到大寒是冬季，可以划分为孟冬、仲冬、季冬。

二十四节气结合实际，对农业生产和生活都有很大的意义。

月亮的二十八间“宿舍”

三垣、四象、二十八宿，观星不会犯糊涂

▶啊哈哈，原来二十八宿是月亮的二十八间“宿舍”呀！

古代小说里常常说到“夜观天象，有客星犯紫微垣，只恐皇上有难”，这是怎么一回事？

不消说，这是迷信，天上的星星和地上的皇帝有什么关系？可是紫微垣倒确有其事。这是我国古代的星座之一。古人把北天极附近的区域划为紫微垣、太微垣、天市垣“三垣”。紫微垣包括我们现在熟悉的小熊座等，北极星也在其中。古人把天上和人间相比，认为众星环绕的紫微垣，就是皇帝居住的地方。如果有一颗星星，冒里冒失进了紫微垣，岂不像刺客闯

进皇宫？皇帝当然面临危险啰。

哈哈哈，笑破肚皮啦！皇帝这样脆弱，天上飞过一颗星星，他也吓得要命，实在太不中用。

天空中的星星很多，除了三垣还有二十八宿。

二十八宿是沿着黄道和天赤道分布的二十八个中国式的星座，从角宿开始，自西向东排列，与日、月视运动的方向相同。东西南北各有七宿，分别为四象，又叫“四兽”“四维”“四方神”。古人认为青龙、白虎、朱雀、玄武是天上的四方神灵，可以给四方定位，保障天地平安。二十八宿不仅便于天文研究，还和季节有关，可以指导农业生产。

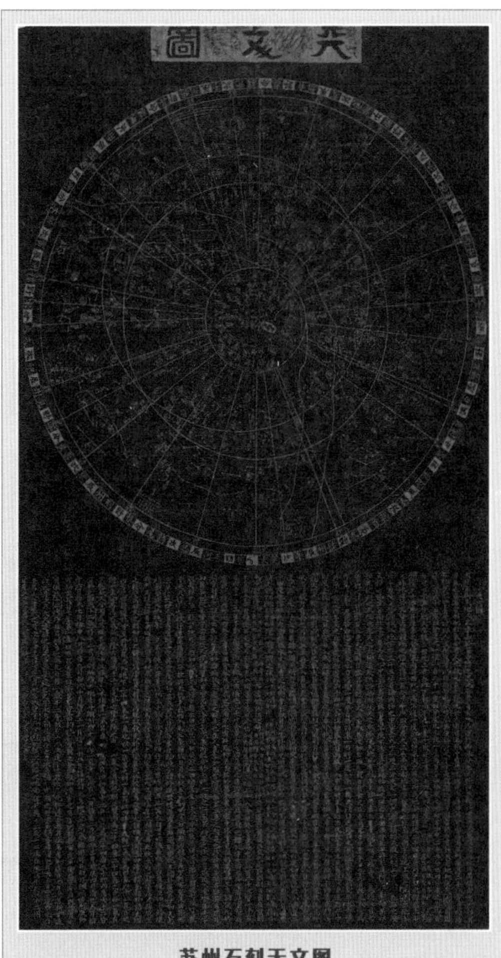

苏州石刻天文图

世界现存较早的大型石刻古星图。石碑高 2.16 米、宽 1.06 米。碑额题“天文图”，下半部刻约两千字天文知识，上半部刻全天星图。

二十八宿和四象分别如下。

东方青龙，包括角、亢、氐、房、心、尾、箕七宿。和金、木、水、火、土五行，以及动物属相联系在一起，这七宿又分别叫作角木蛟、亢金龙、氐土貉、房日兔、心月狐、尾火虎、箕水豹。

南方朱雀，包括井、鬼、柳、星、张、翼、轸七宿，又分别叫作井木犴、鬼金羊、柳土獐、星日马、张月鹿、翼火蛇、轸水蚓。

西方白虎，包括奎、娄、胃、昴、毕、觜、参七宿，又分别叫作奎木狼、娄金狗、胃土雉、昴日鸡、毕月乌、觜火猴、参水猿。

北方玄武，包括斗、牛、女、虚、危、室、壁七宿，又分别叫作斗木獬、牛金牛、女土蝠、虚日鼠、危月燕、室火猪、壁水㺄。

现在的人们有些不理解，星座就是星座，为什么叫作“宿”？这是因为月亮沿着白道自西向东移动，每天停留在一个“宿”里。

啊哈哈，原来二十八宿是月亮的二十八间“宿舍”呀！月亮真神气，每天晚上换一间“屋子”，比皇帝死守着的紫微垣还好。做一个旅行家，比可怜巴巴整年闷在皇宫里的皇帝带劲儿多啦！

黄道是太阳的视运动轨迹，白道是月亮在天空中的视运动轨迹，天赤道是地球赤道面延伸后与天球相交的大圆。

为什么北天极附近的北极星和三垣一起，一年四季都能看见？

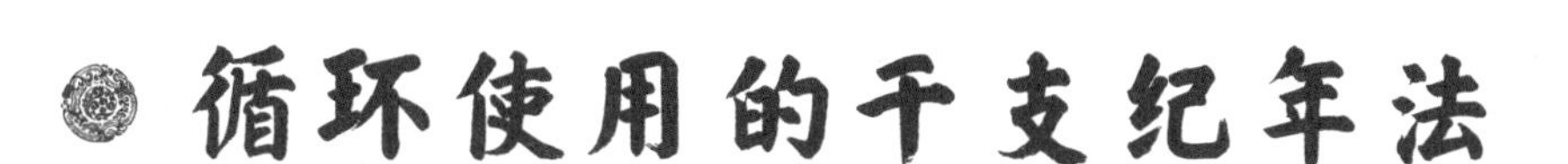

循环使用的干支纪年法

天干配地支，六十花甲老头子

回首近代史，有许多令人难忘的国耻事件，如中日甲午战争、签订《辛丑条约》，使人永远伤痛在心间。

走进生活里，我们也常常遇着类似的名词：六十岁的老人被称为“六十花甲”，又是怎么一回事?

这是我国古代传统的干支纪年法。走遍全世界，也难以再找到这样神奇而又系统的纪年方法。

什么是“干支”？这是天干、地支的合称。“干”指天干，共有甲、乙、丙、丁、戊、己、庚、辛、壬、癸十个。“支”指地支，共有子、丑、寅、卯、辰、巳、午、未、申、酉、戌、亥十二个。十天干和十二地支按照顺序搭配起来就组合成干支，可以用来纪年了。按照这种排列方法，天干排了六轮，地支排了五轮以后，又重新回到原来的位置，构成了六十干支。这样周而复始排列下去又恢复了原状，就是民间所说的“六十年转甲子”了。

六十干支表（六十甲子表）

0 甲子	10 甲戌	20 甲申	30 甲午	40 甲辰	50 甲寅
1 乙丑	11 乙亥	21 乙酉	31 乙未	41 乙巳	51 乙卯
2 丙寅	12 丙子	22 丙戌	32 丙申	42 丙午	52 丙辰
3 丁卯	13 丁丑	23 丁亥	33 丁酉	43 丁未	53 丁巳
4 戊辰	14 戊寅	24 戊子	34 戊戌	44 戊申	54 戊午
5 己巳	15 己卯	25 己丑	35 己亥	45 己酉	55 己未
6 庚午	16 庚辰	26 庚寅	36 庚子	46 庚戌	56 庚申
7 辛未	17 辛巳	27 辛卯	37 辛丑	47 辛亥	57 辛酉
8 壬申	18 壬午	28 壬辰	38 壬寅	48 壬子	58 壬戌
9 癸酉	19 癸未	29 癸巳	39 癸卯	49 癸丑	59 癸亥

各干支前的阿拉伯数字是该干支名在六十干支周中的序号。在古代历法计算中通常以甲子为 0 序号。若甲子序号为 n，则表中其他干支的序号相应地也须加上 n。

古时候，这种方法不仅用来纪年，也用来记录月、日、时，是一整套从大到小、严密系统的时间记录方法。

考古学家在河南殷墟发掘出一块牛骨，上面刻写着完整的六十甲子，可能是当时的日历。经过仔细研究，这是商代倒数第二个国君帝乙在位的时候刻制的，可见当时已经开始使用这种纪年方法了。

人们不明白：古人为什么用十天干和十二地支搭配呢？这是十进制记数法，加上十二时辰配合而成的。每个时辰相当于两小时，十二时辰恰巧是二十四小时。

古人把十二地支和一些常见的动物联系起来，又产生了十二属相。子、丑、寅、卯、辰、巳、午、未、申、酉、戌、亥，分别对应的是鼠、牛、虎、兔、龙、蛇、马、羊、猴、鸡、狗、猪。

世界上纪年的方法很多。现在通用的公元纪年，是从传说耶稣降生那一年算起的。远古时期还没有他，怎么可能用这种办法呢？我国古代习惯用皇帝的年号纪年。每个皇帝登基都要改用自己的新年号，还常常随意改变。这种方法记录连贯的历史很不方便，还不如干支纪年连续循环有规律性。

十二生肖是怎么来的？这是从古代的兽历来的呀。

兽历是怎么一回事？有人说，这是从古代原始部落的图腾来的。也有人说，古代游牧民族老是和动物打交道，习惯了用动物来表示许多东西。将动物用在历法里，就产生了兽历。

古时候，人们观察天象，发现木星大约十二年在天空中运行一周，所以将它取名为“岁星”。怎么记载这十二个周而复始的年份呢？就出现了以十二生肖为代表的兽历。

我国古代早就发现了这个现象，所以北方和南方的许多民族，都有同样的兽历。这是中华民族的共同创造。十二生肖由来已久。干支纪年的方法，在东汉初年已经普遍使用了，真了不起啊！

你自己出生在什么干支年份？你的属相是什么？再查一查爸爸、妈妈、爷爷、奶奶的。

危险的天文学家

天上天狗吃太阳，地上有人掉脑袋

古时候，什么是最危险的职业?

是士兵吗? 是水手吗?

不，这些都算不上最危险的职业。信不信由你，最危险的是天文学家。

啊，天文学家！在人们眼中，天文学家好像与世无争的隐士。夜晚人们都睡着了，他们静悄悄面对着浩瀚的星空，思索宇宙和人生的秘密，不涉及人间的斗争和烦恼。他们把自己的整个身心都浸没在遥远的星辰世界，怎么会有危险呢?

噢，不，古代天文学家可不是这样的。他们的头顶仿佛悬挂着一把剑，随时都有掉脑袋的可能性，天文学家的确是危险的职业。

你不信吗? 请听两个故事。

第一个故事发生在大约 4000 年前，传说中的夏朝第四位国君仲康在位

的时代。有一次发生日食，灿烂的太阳渐渐被一个神秘的黑影子遮住。原本明亮的天空一下子就暗淡了，白昼变成了黑夜。人们惊恐地望着空中这个异象，吓得不知道该怎么办才好，连忙敲锣打鼓，想把吞噬太阳的妖怪赶跑。

仲康也吓坏了，派人去找负责观察天象的“天文官”羲和，责问他为什么不提前通报这样重大的灾难天象，让他想办法阻止这件事情。想不到羲和喝得醉醺醺的，正躺在床上呼噜呼噜睡大觉呢。仲康气炸了，立刻就叫武士把他抓起来，毫不客气地砍掉了他的脑袋。

这是怎么一回事？就是平平常常的日食嘛！

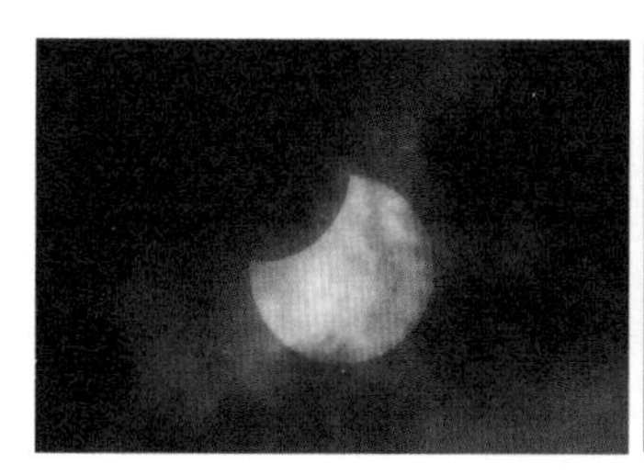

日偏食

日全食

日环食

为什么仲康对这位“天文学家”这样严厉？天上发生日食，也要倒霉的羲和负责吗？因为当时人们缺乏科学知识，认为日食是上天的警告，关

系到国君和天下的命运。如果不及时祈祷，或者想办法阻止，会发生什么事情，谁也说不清。

唉，可怜的羲和呀，就这样稀里糊涂掉了脑袋。

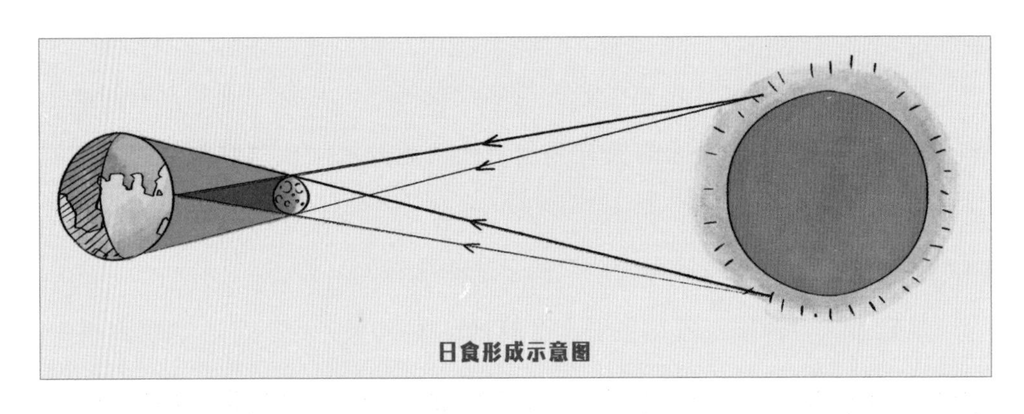

日食形成示意图

第二个故事发生在唐太宗在位的时候。

有一次，负责星象观察的李淳风根据自己制作的历法计算，有一天将会发生日食。他把自己算出的日食开始和结束的精确时刻上报，用以表明新历法的正确性。

这等于发布了一场灾祸即将来临的“警报”，英明的唐太宗也紧张起来，不敢有丝毫懈怠。到了那个时刻，唐太宗亲自率领文武百官站在殿前观看，做好准备，祈祷避灾。

眼看时间快到了，天空中一轮红日依旧亮堂堂的，毫无日食的迹象。唐太宗等了老半天，越来越不耐烦。周围的文武百官也议论纷纷，认为李淳风有欺君之罪，弄不好会掉脑袋。

又过了一会儿，还是没有发生日食。唐太宗发火了，板着面孔对李淳风说：“你最好赶快回家一趟，和老婆孩子告别吧，别让我们白等了。”

啊呀呀，不好了，日食没有来，天文学家李淳风要掉脑袋了。

李淳风不慌不忙地在地上插上一根木棍，指着木棍的影子说："陛下，您别急呀！等到影子再走一点就会发生日食了。"

唐太宗感到很稀奇，盯着慢慢移动的木棍影子看。到了李淳风指定的地点，天空变得一片黑暗，果然发生了日食。唐太宗不愧是英明的君主，对李淳风的历法大加赞赏。

到了唐高宗麟德二年（公元 665 年），唐高宗决定改用李淳风的历法，将其命名为《麟德历》。

想一想，万一日食没有在预计的时间发生，李淳风会怎么样？说天文学家是古代最危险的职业，一点也不错。

从这两个故事里，我们得到了什么知识？

啊，想不到早在大约 4000 年前，咱们的老祖宗就有关于日食的记录。这是世界上最早的日食记录，具有十分重要的意义。

啊，想不到在 1400 年前，咱们的天文学家就能够做出准确的日食预报。中国古代天文学的水平真高呀！

除了夏朝仲康时期的这个日食记录，古老的甲骨文中也有零零星星的日食记载。根据不完全统计，从春秋时期开始中国就有了完整的日食记录。一直到清朝初年，一本正经写进正史的日食记录总共 916 条（也有说法是 1000 多条），是世界上最完整的日食资料。

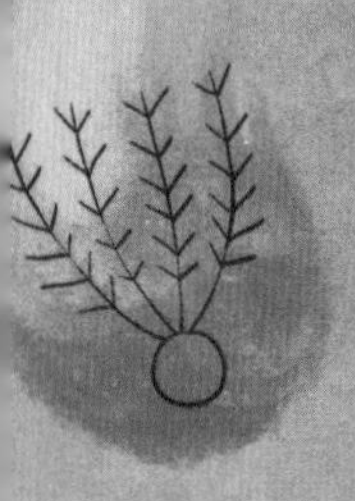

有关“扫帚星”的记录

它是妖星，它是火球。它是灾祸的象征，
还是来自遥远太空的问候？

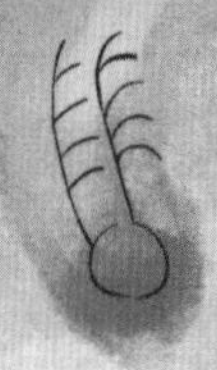

看呀，天上忽然飞过一颗“扫帚星”。

它拖着一个亮闪闪的长尾巴，飞快扫过天空，一转眼就在另一边的地平线消失了，真的像一把扫帚呢。

“呸，扫帚星！”迷信的老奶奶瞧见它，准会吐一口唾沫。

扫帚星怪里怪气的。古时候的人们瞧见它很害怕，认为它会带来瘟疫、战争、饥荒、火灾、水灾……总是把它和灾祸联系在一起。古老的《竹书纪年》说：“天有妖孽……彗星入北斗。”这就表现了这种莫名的恐惧心理。

中国古代又称扫帚星为妖星、异星、孛星、拂星、蚩尤和蚩尤旗等，说来说去，都是古里古怪的意思。

有趣的是，中国古代还给出现在不同方位的扫帚星取了不同的名字。《史记·天官书》里，就把出现在东北方的叫“天棓”，东南方的叫“彗星”，西北方的叫“天欃”，西南方的叫“天枪”。

扫帚星真的会带来灾祸吗？

放心吧，它只是一颗怪模怪样的彗星，和灾难没有半点关系。

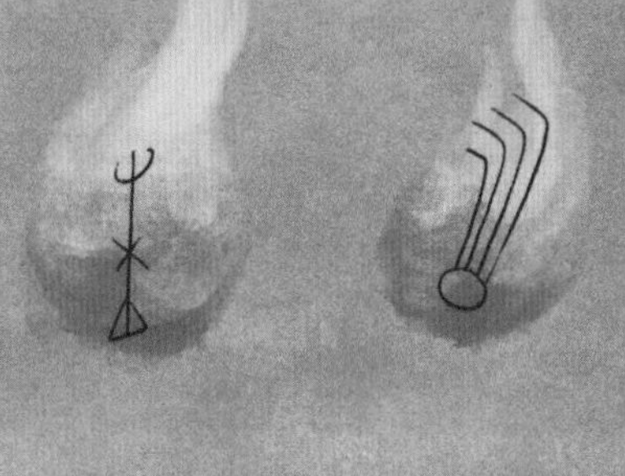

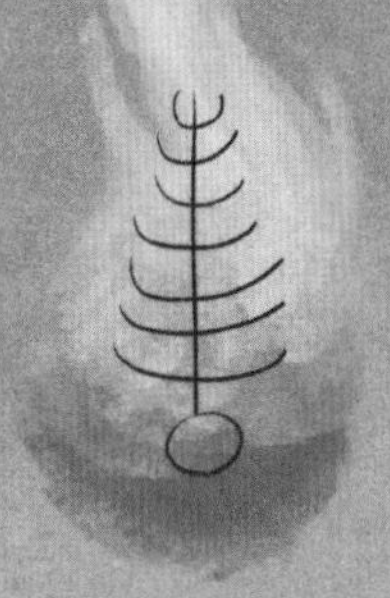

彗星的模样儿很古怪，一出现就会引起人们的注意。在彗星兄弟里，最有名的是哈雷彗星。这是18世纪英国天文学家哈雷发现的，所以用他的名字给这个奇异的扫帚星命名。其实中国古代人早就发现它了。

你不信吗？有书为证。

翻开西汉时期的《淮南子》看，里面明明白白写着一段话："武王伐纣……彗星出……"周武王讨伐暴君商纣王，大约发生在公元前1046年。这个记录比哈雷彗星的发现时间早得多。

再看一本书，《春秋》里也有一段记载说，鲁文公十四年（公元前613年），"秋七月，有星孛入于北斗"。这段记载里说的也是这颗彗星，后来从秦始皇七年（公元前240年）到清朝宣统二年（公元1910年），有它连续29次回归人们视野的记录。

另外，别的彗星记录不下500次之多。所有的这一切加起来，就是世界上最完整的彗星活动的资料。

《新唐书 · 天文志》也有一段值得注意的记载。唐昭宗乾宁三年（公元896年），有一颗彗星，在北方天空虚、危二宿之间分裂成一大两小，

时而聚合，时而分离，一起向东飞去，活像几个神仙在天上打架。三天后，两颗小彗星不见了，又过了一些日子，大彗星也不见了。这样活灵活现的描述，是十分珍贵的记录。

有的彗星没有尾巴，有的却有好几条。马王堆汉墓里，有一幅帛画，上面画着 29 种不同的彗头和彗尾的形态，把彗星的外表描绘得非常细致。其中一些图还画出了彗核结构，观测十分仔细。这是世界上最早的彗星图。

彗星可以作证，古代中国是一个“天文大国”，难道不是这样吗?

彗星是一种奇特的天体，包括彗核、彗发、彗尾三部分。彗核是彗星的主要部分，活像一个圆溜溜的大脑袋，周围包裹着云雾一样的东西，后面拖着长长的“尾巴”。云雾似的东西是彗发，拖在后面的“尾巴”是彗尾。彗星的“脑袋”和“长头发”，都像着了火似的发出耀眼的亮光。

彗星和别的星星一样，也是一块硬邦邦的石头吗?

不是的，彗核是由冻结的水汽、氨、甲烷、碎石块和尘埃组成的。乱蓬蓬的彗发和彗尾一样，都是彗核里的冰块蒸发后形成的水蒸气，加上尘埃等物质变成的。

彗尾是当彗星接近太阳的时候，太阳风的压力使彗发拉长形成的。

一般彗星的个儿都很大，直径有几万到几百万千米。彗尾非常长，最长可达 2 亿多千米。

为什么有的彗星没有尾巴？为什么马王堆汉墓里的彗星图画，有许多不同的尾巴？

太阳里的“金乌鸦”

世界最早的太阳黑子观察记录

西汉成帝河平元年（公元前28年），人们抬头看太阳，瞧见一个奇怪的现象。只见圆圆的太阳中间，有一块黑色斑点，不知道是什么东西。《汉书·五行志》记录了这件怪事：“河平元年……三月乙未，日出黄，有黑气大如钱，居日中央。”

人们看惯的红彤彤的太阳里，怎么会有这团黑气？到底是什么东西？

是不是太阳神的面孔没有洗干净？

是不是外太空飞来一团乌云，遮住了它？

是不是太空里刮起的沙尘暴？

是不是科幻作家的手笔？

是不是外星人的恶作剧？

哈哈！哈哈！胡扯到哪儿去了？这些乱七八糟的猜测统统没有根据。这是太阳黑子呀，有什么值得大惊小怪的！

太阳黑子是太阳光球上时常出现的斑点，一点也不稀奇。

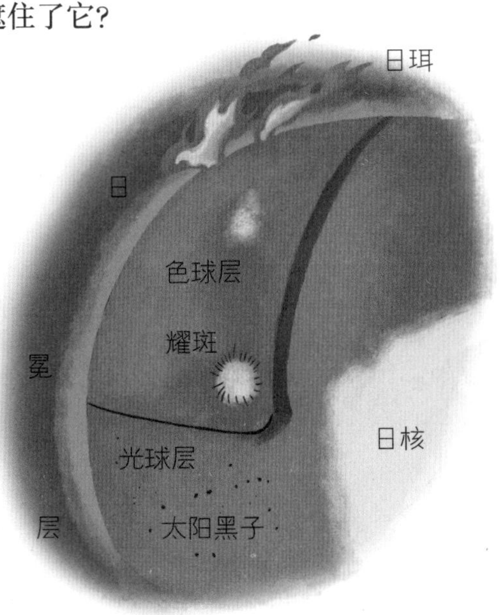

为什么红彤彤的太阳面孔上，会出现难看的斑点，好像雀斑？想必那儿的火焰熄灭了，才会这样吧？错啦，其实这些黑斑也是滚烫的。谁敢挨近它，准会被烧成一团灰。只不过这儿的温度比别的地方低一些，才显出是黑的。

《汉书·五行志》里的这一段太阳黑子记录很重要，是世界上最早的太阳黑子记录。

根据《左传》记载，春秋时期鲁庄公七年（公元前687年）四月，“夜中，星陨如雨”。这是世界上最早的天琴座流星雨的记录。

难道从前再也没有人注意过这个现象吗？ 也不是的。有人说，3000年前的甲骨文里，也有太阳黑子记录。

瞧吧，甲骨文里的“日”字，写成“⊙”。为什么表示太阳的圆圈圈里有一个小黑点？有人认为那就是太阳黑子。如果这是真的，那才是最早的太阳黑子记录。话虽然这样说，信不信就由你了。

古代中国只有这一两段太阳黑子记录吗?

不，还多呢。请再看一段记载吧。西汉初期的《淮南子·精神训》里，有一句话说“日中有踆乌”，意思是太阳上面有一只乌鸦，所以后来人们就把太阳叫作“金乌”，又叫“赤乌”。唐朝韩愈的诗中说“金乌海底初飞来”，形容太阳刚刚从海平面上升起来。白居易也说“白兔赤乌相趁走”，形容太阳和月亮在空中互相追赶。还有“金乌鸦”的传说：天上原本有10只金乌鸦，栖息在东方的扶桑树上，轮流飞上天空照耀人间。

古代中国的太阳黑子记录有很多。根据不完全统计，仅从公元前781年到公元1918年，大约2700年间，就有上百条关于太阳黑子的记载。这些记载，既有准确的日期，又有黑子形状、大小、位置和变化情况，是研究太阳黑子的宝贵资料。单从这一点来说，古代中国也是世界上数一数二的“天文大国”。

为什么古人把太阳叫金乌？

滚动的时间

一个个铜球往下滚，一只只铙钹当当响

时间可以滚动吗？可以呀。

时间可以藏在一个碑里吗？可以呀。

有一种古代计时仪器“碑漏”里就藏着时间。

碑漏是什么样子？它的外形就像一块碑，里面就藏着计算时间的机关。

说起碑，人们就不得不联想起石碑。硬邦邦的石头碑里，怎么可能藏着时间？如果那样，时间岂不也会变成石头，还谈得上什么“滚动的时间”呢？

不，碑漏不是石碑，而是特殊的木头碑。从前面看，它的确像一块碑，上面还刻写着一篇介绍它的《碑漏记》。绕到背后一看，你就能发现它的秘密了。想不到里面竟是空心的，计算时间的仪器就安装在这里。

噢，明白了。原来这是一个扁扁的木头柜子，压根儿就不是什么碑。

时间看不见，摸不着，怎么在这个木头碑里滚动呢？

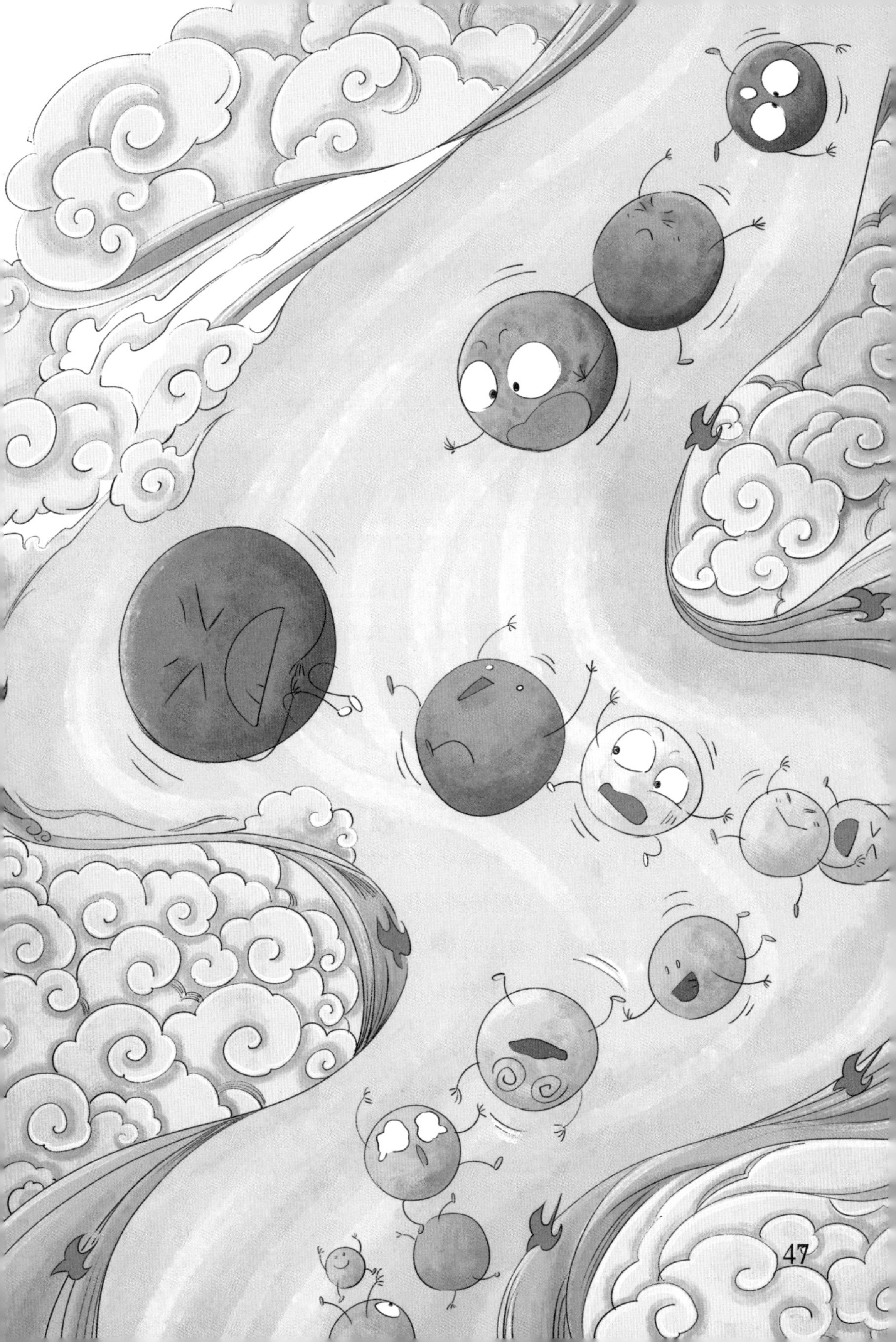

有办法。请看咱们的祖先是怎么解决这个问题的吧。

打开这个奇怪的柜子一看，里面有弯来拐去排列成“之”字形的 12 根铜管。作为配套设施，另外还有 150 个同样大小的金属球，计算时间就和这些管子和球有关系。

开始操作的时候，把球投进最上面的荷叶漏斗口里。球顺着一根根管子往下滚，一直滚到最后的管口，就会落在下面的铜饶钹上，“当”地响一声。算一算从头到尾的时间，正好是 24 秒。一个个球接着往下滚落，就“当当”响个不停。150 个球滚完总共需要 1 小时。古时候一天分为 12 个时辰，1 个时辰相当于 2 小时，也就是 300 个球滚完的时间。这样算下来，一天 12 个时辰需要滚球 3600 个，分秒不差，非常精确。

瞧吧，这岂不是滚动的时间吗？每隔 24 秒“当”地响一次，好像演奏音乐，简直是一个奇妙无比的“音乐钟”。

不消说，它也有缺点——要人管理：拾起一个个滚出来的球儿，一个个重新放进上面的管道进口。

这种好像一座碑似的古代计时器叫作碑漏，又叫锟弹刻漏，早在 1000 多年前的五代时期就出现了。碑漏在北宋时期经过了改进，是当时正式使用的一种计时仪器，以后一直流传到元代，才慢慢失传。

为了重现碑漏的风采，我国科学家已经将其复制完成，将复制品送到北京鼓楼保管。像音乐般当当响的时间的声音，又出现在人间了。

碑漏、铜壶滴漏、圭表、香篆，是中国传统的四大系列计时仪器。

和尚天文学家的贡献

他是隐士，是高僧，是了不起的科学家

现在我们要讲一个和尚天文学家。

和尚也有天文学家吗?

有呀。唐玄宗时代的一行，就是名副其实的天文学家。

这个和尚原名叫张遂，是大唐王朝开国功臣张公谨的曾孙。他从小就喜欢研究历法和相关的科学，学识非常渊博。武则天篡权后，他为了避免被拉拢，干脆就剃了头发当和尚，法号为一行，住在嵩山和天台山，认真钻研佛学，翻译了许多印度佛经，竟然成为佛教的一个派别——密宗的领导人物。后来武则天退位了，新上台的皇帝一次次召唤他，他也不愿出山。直到唐玄宗专门派人来请他，他才回到长安。

这个和尚天文学家展现才能的时候到了。几年后，由于从前李淳风编制的《麟德历》几次预报日食都不准确，看来需要重新修订历法了，唐玄宗就请他主持编制新历法。一行耗费两年时间，完成新历法《大衍历》的草稿后不幸去世。

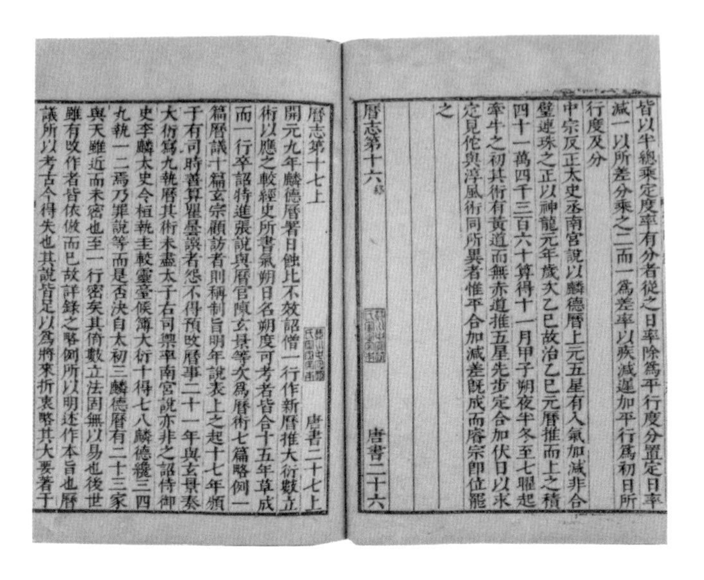

皆以半總乘定度率有分者從之日率除爲平行度分置定日率
減一以所差分乘之二而一爲差率以疾減遲加平行爲初日所
行度及分
中宗反正太史丞南宫說以麟德曆上元五星有入氣加減非合
璧連珠之正以神龍元年歲次乙巳故治乙巳元曆推而上之積
四十一萬四千三百六十筭得十一月甲子朔夜半冬至七曜起
牽牛之初其術有黄道而無赤道推五星先步定合加伏日以求
定見伏與淳風術同所異者惟平合加減差既成而睿宗即位罷
之

曆志第十六　唐書二十六

曆志第十七上　唐書二十七上

開元九年麟德曆署日蝕比不效詔僧一行作新曆推大衍數立
術以應之較經史所書氣朔日名朔度可考者皆合十五年草成
而一行卒詔特進張說與曆官陳玄景等次爲曆術七篇略例一
篇曆議十篇玄宗顧訪者則稱制旨明年說表上之起十七年頒
于有司時善算瞿曇譔者怨不得預改曆事二十一年與玄景奏
大衍寫九執曆其術未盡太子右司禦率南宫說亦非之詔侍御
史李麟太史令桓執圭較靈臺候簿大衍十得七八麟德纔三四
九執一二焉乃罪說等而是否決自太初至麟德曆有二十三家
與天雖近而未密也至一行密矣其倚數立法固無以易也後世
雖有改作者皆依倣而已故詳錄之略例所以明述作本旨也曆
議所以考古今得失也其說皆足以爲將來折衷略其大要著于

《大衍历》

☑ 实测数据	☑ 定朔定气
☑ 月行迟疾	☑ 引入岁差
☑ 日行迟疾	☑ 高级算法
☑ 五星迟疾	☑ 历法编算结构

值得一提的是，他在编制这部历法的过程中，不仅参考了大量资料，还主张在实测的基础上进行修订。为了达到这个目的，他专门制造了一些仪器，进行了许多实测观察，用严谨的科学精神完成了任务。

这部历法比较正确地描述了太阳运动的不均匀性，指出冬至左右太阳运动最快，夏至左右太阳运动最慢。

它还第一次考虑到视差对日食、月食观测的影响，对不同地点和季节的观测进行推算，提高了精度。

一行又重新测定了二十八宿的观测数值，运用自己设计制造的一种黄道游仪，对金、木、水、火、土五大行星进行研究，也取得了很大的成绩。

唐玄宗开元十五年（公元 727 年），仅仅 54 岁（也有说法是 44 岁，生于 683 年）的一行去世了，实在太可惜。

不，他并没有“死”，死亡的只是他的躯体，永存的是他的伟大贡献和科学精神。开元十七年，《大衍历》正式开始使用，4 年后传入日本，使用了近百年。

一行和梁令瓒共同设计的黄道游仪，是用金属铸造的，可以用来观测日月和五大行星的运动。这个仪器的黄道不是固定的，而能在赤道上移位，符合岁差现象，否定了过去认为的岁差是黄道沿赤道西退的结果。

他和梁令瓒等人还设计制造了有名的水运浑象。

中国“咕咕钟”水运仪象台

牛头对马嘴，水车加漏壶

田边的水车、筒车，可以和精密的天文仪器结合在一起吗?

哈哈，那岂不是牛头不对马嘴？这些土里土气的玩意儿，怎么能和看星星的仪器混为一谈？简直是开玩笑。

得啦，可别这样说，谁说牛头不能对马嘴？信不信由你，咱们的老祖宗还真的做出了这样的东西呢。

这是水运仪象台。

听一听这个名字，就再清楚不过。说白了，这就是一种利用水能带动仪器运转的特殊装置呀。

对古人而言，研究天文就是看星

星。头顶的星星天象图总在不停变化。观察星空可不能只看不动的星星，还得掌握它们的变化规律才行。为了达到这两个目的，东汉天文学家张衡早就制造出了浑天仪。这是把测量天体球面坐标的浑仪、演示天象变化的浑象结合在一起的仪器，又是一个世界第一。

这就够了吗?

才不呢，人们的愿望总是无穷的。后来人们又想，天象变化涉及时间问题，能不能再增加报时的功能呢?

啊，想报时可不那么简单，要有钟表才行。那时候哪有钟表? 岂不是痴心妄想?

哼，别小看了咱们中国人。咱们老祖宗的智慧无穷无尽，只能用“惊人”这个词儿来形容。

听吧，故事来了。

北宋时期，苏颂、韩公廉等科学家，真的卷起袖子干起来了。他们从宋哲宗元祐元年（公元 1086 年）开始设计，仅仅用了 7 年时间，到元祐七年就全部完成，制成一个新式天文仪器，完全能够满足这个需求。这就是水运仪象台。

这是一座高 12 米、下宽上窄的木头建筑，上下有 3 层。乍一看，它简直像一座楼房。

上层安放着一台浑仪。为了便于观测星空，

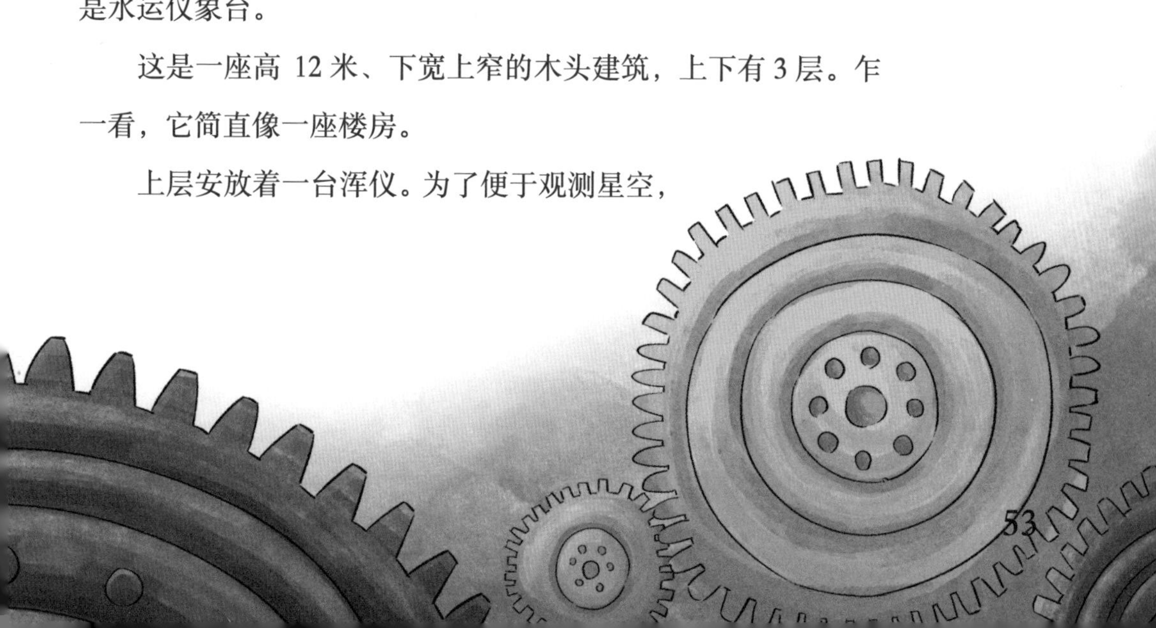

它的屋顶和现代天文台的活动圆顶一样，可以随意打开和关闭。

中层是一间没有窗户的“暗室”，放着一台表现天球的浑象。浑象一半藏在“地平”下面，另一半露在“地平”上面，依靠机轮带动旋转，一昼夜转动一圈，能真实再现星辰起落的天象变化。

下层是报时装置和整个仪象台的机械动力系统。这儿有一扇门，想不到里面还有五层木阁呢。

第一层木阁又叫“正衙钟鼓楼”，负责向人们准确报时。这个小小的木阁有三个小小的门。古时候一天不是 24 小时，而是 12 个时辰，一个时辰又分为时初和时正。每个时辰的时初，有一个穿红衣服的小木头人在左边的门里摇铃；每个时辰的时正，有一个穿紫色衣服的小木头人在右边门里敲钟。每过一刻钟，还有一个穿绿衣的小木头人在中门击鼓。

第二层木阁相当于现代钟表的时针表盘，用来报告 12 个时辰的时初、时正名称。这儿有24个司辰小木头人，手拿时辰牌，牌面依次写着子初、子正、丑初、丑正等。每逢时初、时正，司辰的小木头人就会准时出现在门口。

第三层木阁总共有 96 个司辰的小木头人，专门负责报“刻”。其中 24 个小木头人报时初、时正，其余的小木头人报刻，例如子正、初刻、二刻、三刻、丑初、初刻、二刻、三刻等。

第四层木阁专门报告晚上的时刻。这儿的小木头人根据不同的季节、夜长夜短的情况，敲钲报更、筹数。

第五层木阁有 38 个小木头人，根据节气变化，报告日出、晨昏，以及

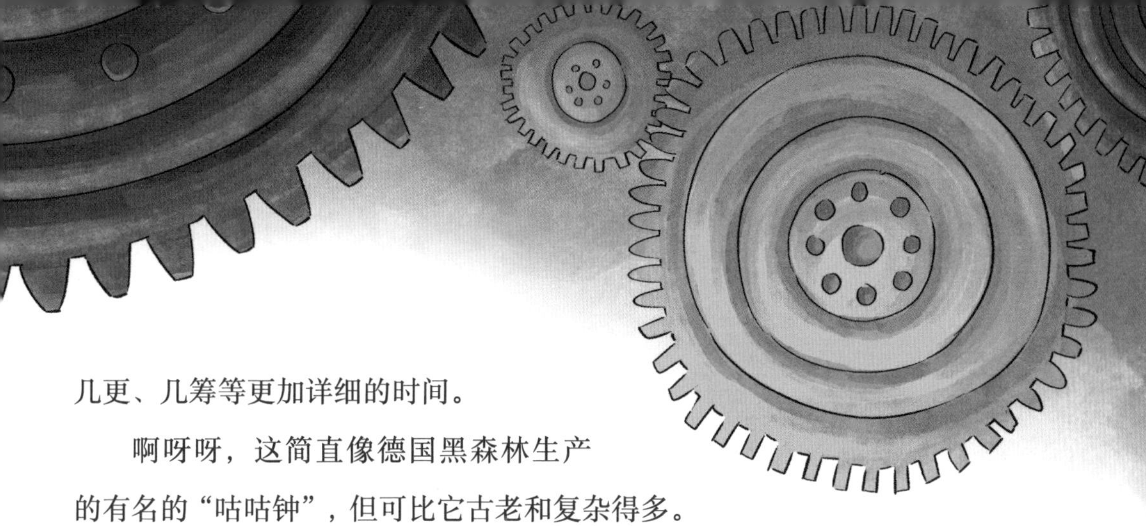

几更、几筹等更加详细的时间。

啊呀呀，这简直像德国黑森林生产的有名的“咕咕钟”，但可比它古老和复杂得多。花里胡哨的“咕咕钟”能够演示天象吗？差得远呢！

所有的这一切是依靠什么神秘力量带动的？就是许多水斗、漏壶和枢轮，加上复杂的机械系统，利用水力和机械力带动仪器转动的，所以它叫作“水运仪象台”。其中包含了水车和筒车的原理。下里巴人的工具，真的和阳春白雪的天文仪器结合在一起了。

噢，明白了。这是一种用于天文观测和计时、具有复杂的功能、完全自动化的天文仪器呀。

英国科学家李约瑟称赞说，水运仪象台“可能是欧洲中世纪天文钟的直接祖先”。这话一点也不错。

水运仪象台里有一组杠杆装置，相当于钟表里的擒纵器。它可以控制漏壶流出的水，使整个仪器运转均匀，像钟表一样精确。

改变历史的中国古代科技

我欲九州逍遥游，直抵瑶池尽西头。不逢周穆王，握手徐霞客，难道也是梦里见庄周？把读水经注，俯仰山海经，窥见龙门水滔滔，火井烈焰照天烧，有多少故事可以苦苦追求？抚祁连，踏太行，追踪昆仑龙脉千万里，此心早悠悠。

中国最古老的地理书

较少的字数，丰富的内容

《禹贡》，中国最古老的地理书。

这是什么人在什么时候写的?

听着这个名字，我们就会和大禹联系起来。要不，为什么书名带一个“禹”字呢?

有人说，就是这么一回事。这是大禹治水后，为了治理全国，编写的一本书。

真是这样吗?那才不见得。书要一个个字写出来。迄今，在中国境内被发现的最早文字是商代晚期的甲骨文，大禹所处的夏代或许还没有文字，怎么能够写出一本书?再说，这本书里谈到赋税的问题，奴隶制度的夏代哪儿有这回事?

有人说，因为《禹贡》是《尚书》里的一篇，传说孔子编写《尚书》，书中的《禹贡》当然也是孔老夫子的作品。

这话也不对呀。《尚书》是不是他写的还说不清。现在大多数人认为这是战国时期的作品，到底是什么人写的就说不清楚了。

说不清楚就说不清楚吧。甭管是什么人写的，只要证明它是中国最古老的地理学著作就成。

《禹贡》，是一本简单而全面的地理书。

为什么说它简单？

因为全篇只有1000多个字。如果给现在一些人写，“啊”“呀”“呢”“吗”就占了一大堆。再加上“因为”“所以”“而且”，一本书里少说也有几千字，哪有《禹贡》简单明了？

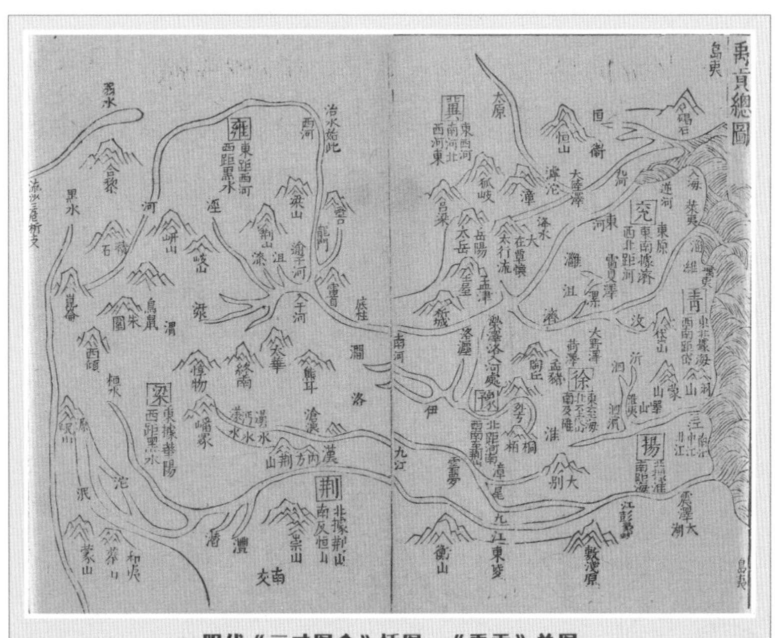

明代《三才图会》插图：《禹贡》总图

为什么说它很全面?

因为只用这区区千把字，它就把全国的地理情况说得清清楚楚了。不信，换一个人来试一试，看是不是也可以做到。

这本书里说了些什么?

据说，大禹治水成功后，把天下分为冀、兖、青、徐、扬、荆、豫、梁、雍九个区域，即“九州”。这是我国最早的行政区划。

冀州排在最前面，是天下第一州，大致说的是今天的山西和陕西间黄河以东、河南和山西间黄河以北、山东西北部、河北东南部一大片地方。它的南部边界以当时的黄河为界，大致相当于后来所说的中原地区。

兖州大致相当于今天河北南部和山东大部分地区。

青州大致是今天泰山以东的山东半岛。

徐州大致说的是今天山东南部和江苏北部部分地区。

荆州大致包括在今天湖南、湖北地区。

豫州大致相当今天河南省及湖北北部的一小部分。

梁州大致包括今天秦岭以南，直至四川、贵州、云南等广阔的大西南地区。

雍州大致指的是今天陕西关中平原及其以西地区。

《禹贡》里的这1000多字，不仅仅介绍行政区划，还记述了全国山川的分布大势，以及土壤、物产、赋税、贡物等许多方面，对田地质量也进行了全面评价。

啊，《禹贡》实在太了不起了，不愧是中国古老而全面的地理学著作。

传说远古时期发生了一场特大的洪水。今天洛阳旁边的洛河里钻出一只神龟，背驮着神秘的“洛书”献给大禹。大禹依靠“洛书”的帮助治水成功，就把天下划分为九个区域，也就是“九州”。

千古奇书《山海经》

泛览周王传，流观山海图；
俯仰终宇宙，不乐复何如

这是山和海的故事。

这是神话和科学的结合。

这是一部奇特的地理学著作。

请问，这是什么书？这就是千古奇书《山海经》。

为什么说它“奇”？因为它是神话和科学的巧妙结合呀。

陶渊明读了这本书，感慨道：“精卫衔微木，将以填沧海。”

传说在遥远的上古时期，炎帝的小女儿到东海边去玩，一不小心淹死了，就化身为一只小小的精卫鸟，每天来来回回衔着树枝抛进大海，发誓要把大海填平，讨回自己的生命和尊严。

啊，这是多么奇特瑰丽的神话故事，表现出小小精卫鸟不屈不挠的壮志。

噢，这岂不也包含了严肃的科学内容？不管汪洋大海多么深、多么辽阔，经历了百万、千万年，也会被泥沙填平成为陆地。现代科学家有这样的知识算不了什么，古时候有这样的观念就非常稀奇了。

请问，这不是神话加科学，还会是什么？

这部书既然叫《山海经》，必定就有山有海。

有呀。这部书有一列列山，依次排列，被写成《南山经》《西山经》《北山经》《东山经》《中山经》，共同组成了五卷雄伟壮丽的《山经》。

这部书还按照距离远近，写出《海内经》《海外经》《大荒经》三部分，共同组成十三卷地域宽广、波澜壮阔的《海经》。

五卷《山经》加上十三卷《海经》，就是一部完整的《山海经》了。

这些《山经》和《海经》里，写了些什么？其中有山川形势、地理方位、距离远近、独特的物产和药物、稀罕的巫医和祭祀、特殊的风俗习惯，以及其他各种各样有关自然环境和人文地理的知识。其中有大人国、小人国、君子国、女儿国，还有黑人、全身长满毛的人，有的两只耳朵上盘着两条蛇，有的旁边坐着两只大老虎。这些一股脑儿汇集在一起，你说奇不？难怪陶渊明和许多古人都喜欢它，因为这部书实在太有趣味，太深奥了。在神话里研究科学，在科学里寻找神话，你说有趣不有趣？

这部书到底写了些什么地方？

有人说，它描写的就是古代中国。有人说，从它的记述分析，这是以中国为中心，东到西太平洋，南到南亚和诸岛，西到西亚，北到

有人读了《山海经》，觉得其中许多地方描写的就是北美洲，认为这是中国人发现新大陆的一个证据呢。

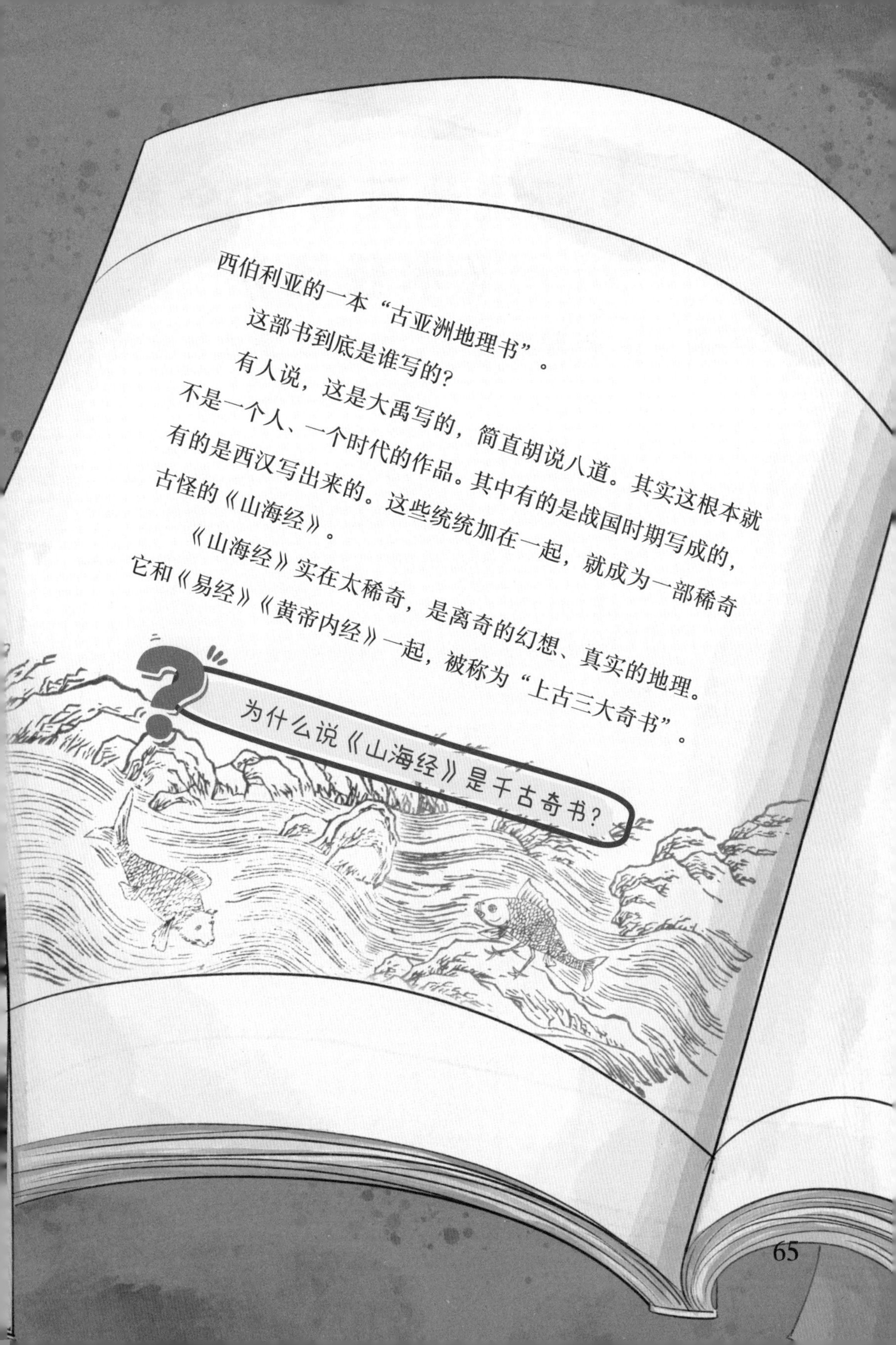

西伯利亚的一本“古亚洲地理书”。

这部书到底是谁写的？

有人说，这是大禹写的，简直胡说八道。其实这根本就不是一个人、一个时代的作品。其中有的是战国时期写成的，有的是西汉写出来的。这些统统加在一起，就成为一部稀奇古怪的《山海经》。

《山海经》实在太稀奇，是离奇的幻想、真实的地理。它和《易经》《黄帝内经》一起，被称为“上古三大奇书”。

为什么说《山海经》是千古奇书？

河流地理百科全书《水经注》

这是江河水的故事，这不仅是江河水的故事

黄河、长江，无数大河和小河，默默从大地上流过。水波里流淌着无数故事，就这样静悄悄从人们身边流过。

啊，河流需要诉说。谁知晓它们的心声，明白它们的功绩，给天下所有的河流写一本传记?

古时候有一本《水经》，就是专门给河流树碑立传的。可惜书里写得太简单，原书也早就淹没在历史的灰尘里，消失得无踪无影了。

失去了《水经》不要紧，还有一部更加辉煌的《水经注》。这是北魏时期的郦道元写的。

要说这本书，就得先说说郦道元。

他酷爱历史和大自然，是天生的旅行家。他一生在许多地方做过官，利用这些机会，周游了北方黄河和淮河流域广大地区，足迹遍布今天的河北、河南、山东、山西、陕西、内蒙古、江苏、安徽等地方。可惜由于当时南北分隔，他没有机会去南方，好好看看心中仰慕的长江和珠江。

郦道元为什么要给《水经》作注？他自己在序言中就写得很清楚。

古代地理书虽然很多，但是都存在一些缺陷。《山海经》过于荒诞杂乱，《禹贡》《周礼·职方》只描述了一个轮廓，《汉书·地理志》记述又不详细，必须重新写一本内容丰富的地理书才行。

郦道元怎么写《水经注》？只是描述一条条江河吗？

不，那样太简单了，认识未免太浅薄。江河水不是平常的水，那一条条江、一条条河，从人们祖祖辈辈生活的大地流过，融合了多少历史故事、风俗人情、丰富物产、山川胜景，怎么能看作简单的一江水流？必须把这些都写进去，它才是完美的江河传记，也是一本别开生面的地理书。

他这样想，就这样写。这本书中记述了1252条江河。

如果把大大小小的湖泊、泉池一起算进去，所有的水域就有2000多片了。此外，关于沿途的2800多个市镇，书中仔细叙述了它们的变化沿革。书中还记录了动植物和矿产资源、历史上发生过的自然灾害，以及其他各种各样的内容，甚至包括神话故事。《水经注》巧妙地将自然地理、人文地理结合在一起，是名副其实的地理科学的巨著。

更加值得一提的是，当时郦道元身处分裂的南北朝时代，却不受时代的局限，放眼于全国，表现出浓烈的爱国主义思想。这本书里记述的不仅有他足迹所到的分裂的北方，还包括了他所向往的广大南方各地，甚至包括邻近的印度、中南半岛和朝鲜半岛等若干地区，眼界广阔无比。

要叙述这么辽阔的地区，不是他的自身经历所能涵盖的。为了补足这个缺陷，他通过历史资料和访问了解，把自己不熟悉的南方同样写得栩栩如生。例如，他在《三峡》中的描写是那样仔细，就仿佛亲眼所见。

是啊，郦道元写的是水，却不局限于水，写的是江河纵横贯通的大地。

是啊，郦道元写的是地理，却不局限于自身的经历。个人的经历能有多少？民族的经历才是最完整的。

《水经注》是郦道元的著作，也是民族的记忆。

《水经注》表达了一个大统一的观念，难道不是这样吗？

《水经注》仅仅是古代《水经》的补充。《水经》到底是谁写的？有人说是东汉的桑钦；有人说是晋代的郭璞；也有人说，郦道元依据的是另一本《水经》。

翻开《水经注》，找一找你家乡附近的大河，看看在这本书里有些什么典故记载。

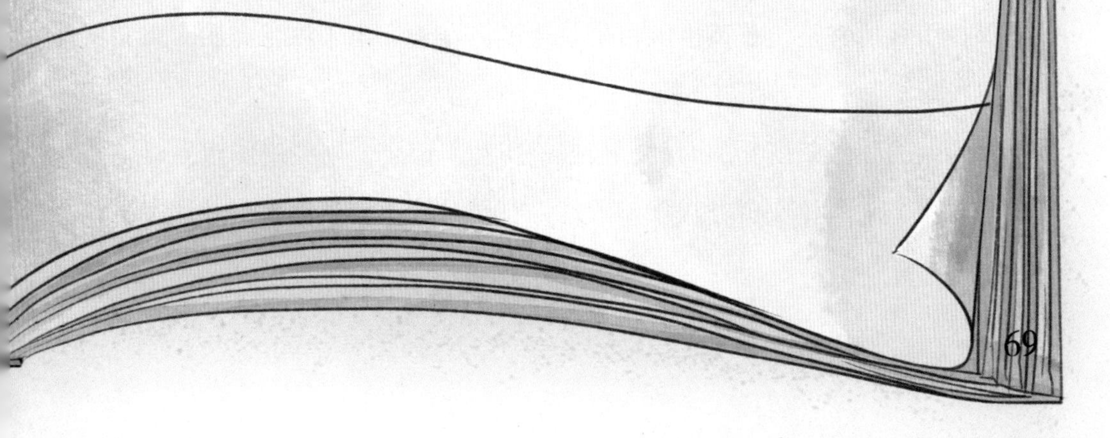

人间爱意在环境

古人懂得一个道理：爱护大自然，就是爱护自己

人的力量和大自然相比是渺小的。人们生活在大自然的怀抱里，必须爱护大自然，顺应自然规律。如果不知道自己几斤几两重，自以为了不起，妄想向大自然挑战，违背自然规律蛮干一通，绝对没有好果子吃。大自然不是无底洞，不能无休无止向大自然索取，贪得无厌摘果子。否则，自己也不会有好结果。

我们的祖先早就懂得了这个道理，牢牢树立了环境保护的意识。

有一本叫《商君书》的古书里说："黄帝之世，不麛不卵……"

这话是什么意思？说的是那时候人们懂得打猎不能抓小鹿，也不能随便掏鸟蛋。黄帝是传说中原始社会的部落首领，打猎是那时候重要的活动。没准儿当时的人们经过生活实践，懂得了保护幼小动物多么重要。人们的生活离不了打猎，如果不管三七二十一，把幼小动物统统捕捉，往后还会有猎物留给人们吗？

关于环境保护，古人早就建立了严密制度。据说，尧就设置了专门负责保护山林的官员。夏禹也颁布了禁令说，春天上山不许带斧头，以利树木生长。

周朝的环保制度更加明确。根据《周礼》记录，周朝刚刚建立时就有明确规定，全国林业事务直接布置地方官员分管，官员派人进林巡逻。什

么时候砍朝阳的树木，什么时候砍朝阴的树木，都有严格规定，可见当时人们对森林成长研究得非常仔细。私自盗窃或砍伐林木是犯法的，不管是谁都会受处罚。

《礼记》说：土地不好，草木就生长不好；水不好，鱼鳖也长不大。

后来尽管大大小小的诸侯国打得一团糟，可是大家对环境保护还是非常注意。诸侯之间打仗归打仗，却不能对大自然开仗。得罪了大自然老人，谁都没有好处。

春秋时期的管仲对齐桓公说：尽管山林很大，草木很美，也不能随便砍伐；大河大海虽然很大，湖泊池沼虽然很深，水里的鱼鳖虽然很多，也不能随便打捞。

战国时期的孟子对梁惠王说，动不动就带着斧头进山林，山林就被毁了。荀子也说，草木生长的季节，不能带斧头上山，要禁止滥砍滥伐。砍树和保护要按照规定执行，不能把山林砍得光秃秃的，老百姓没有木头用。

曾子说，除了人死了急着做棺材，一律禁止在春天砍树。

战国末期的《吕氏春秋》，记载了一年 12 个月的生活安排，包括怎么合理利用生物资源。

那时候，人们懂得森林资源和水资源之间的密切关系。荀子说，只有水源清，水流才清。如果水源浑浊，水流必定也是浑浊的。怎么做到水源清？就得保护好森林呀！

西汉初期的《淮南子》说得更加清楚。书里说：“欲致鱼者先通水，欲致鸟者先树木。水积而鱼聚，木茂而鸟集。”

是呀！不搞好水环境，鱼儿怎么生活？不种好树木，鸟儿怎么会飞来？这个道理还不简单吗？

往后历朝历代，几乎没有一个朝代不注意环境保护，统治者颁布了一条条禁令，加强大自然保护工作。他们对一些珍稀动物更加注意爱护，还专门发布命令，对它们进行保护呢。宋太祖赵匡胤一上台，就曾经下令，岭南地区禁止猎捕野生大象，违犯者就抓起来。

我国古代的环境保护观念非常强，值得我们好好学习。爱护大自然，就是爱护自己，千万不要破坏环境。要不，准会受到大自然的严厉惩罚。

知道吗？西湖有名的景点“花港观鱼”，原来是唐代以来的放生池。建立放生池是一个好办法，许多生物都可以得到保护。

给山坡“剃光头”，不分大树、小树，统统砍光好不好？不分大鱼、小鱼一网打尽好不好？这样做有什么不好？

远古龙门山地震模型

两只怪兽驮着大地，被压得简直喘不过气

2008年5月12日，龙门山断裂带的汶川发生地震，震惊了整个世界。事后人们不禁会问：从前这儿也有地震吗?

有啊!

龙门山是古蜀族的故乡，三星堆遗址出土的一个“青铜神坛”就十分清楚地表现了这个问题。

其实，这并不是什么神坛。当其出土的时候，只有一部分残件。在三星堆博物馆里展出的所谓“神坛”，有一些人俯伏在下面，是布置展品时添加的，只能算是现代的制作，并非原汁原味的原创作品。其实从这个所谓“神坛”的本身结构来看，它是当时居住在山中的古蜀族想象中的天地人三界模型。再进一步诠释，它简直就是一个活生生的“龙门山地质地貌模型”。

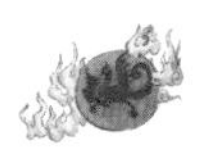

这个模型分为三部分。

你看，上界天界高高悬浮在几个尖尖的山顶之上。

那几座连绵不断的高山是哪儿？就是古蜀族生活的龙门山，是人们世

世代代崇拜的高山之巅呀！此前古蜀族没有走出过大山，他们的世界就是连绵起伏的龙门山。四山相连的山形象征连绵不绝的龙门山，山上的云纹和峰顶的圆日图案，都表现其山势高耸，是以岷山主峰为代表的高山的真实写照。

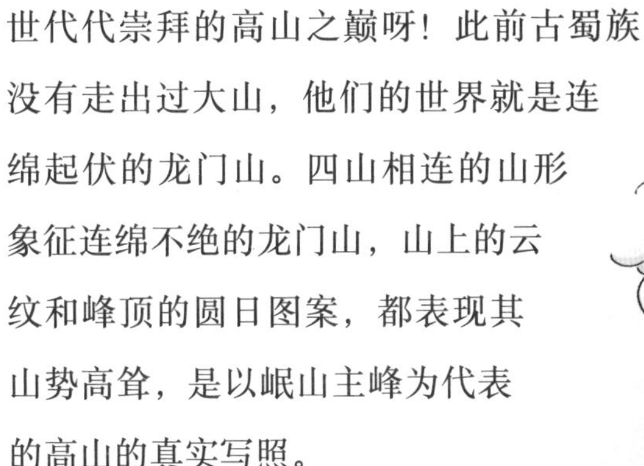

在他们的想象中，神灵居住的天界，就在高耸的龙门山上空。那里凌驾在人间（也就是人界）之上，是想象中的极乐世界。这个天界的结构，清晰反映了古蜀族对山的崇拜。这表示古蜀族生活在山中时期，就已形成了神灵居于山顶之上的虚缈空中的观念。

你看，在这个模型里的人间，上是天，下是地。人们就生活在天界下、地面上的龙门山中。

你看，象征大地的地平圆座，竟放在下层地府的两只怪兽身上，给人以地面很不稳固的感觉。请你想一想，如果怪兽驮不住了，轻轻动一下身子，大地岂不会震动起来吗?

啊，这个设想太奇妙了！这些三四千年前的古人的脑瓜里，怎么会冒出这种念头？真够神奇呀!

要知道，龙门山位于中国地形三大阶梯的第一阶梯和第二阶梯之交，也就是青藏高原最东部边缘和四川盆地的结合部。从地质构造来说，这里是东部扬子准地台边缘与特提斯海的交接地带，本身就是强烈地震带。

俗话说，实践出真知。古蜀族世世代代居住在这样的地质环境里，肯定有过强烈地震的经历。尽管他们还没有总结出科学理论，却用另一种方式表现出了自己的亲身感受。看来当时龙门山中经常发生地震，这些原始先民准是受够了地震的折腾，感觉脚下的地壳很不稳定，但即使神通广大的巫师和部落首领也无法解释。

不知是哪一个巫师，脑瓜里冒出了这个富于想象力的答案。一次地震不会让他有这种想法，两次、三次也不能。他们祖祖辈辈必定在山中经历了数不清次数的强烈地震，印象很深很深，无法对脚下大地颤抖的原因做出解释，才会产生这样的联想，制作出这个包含地震消息的神奇的天地人三界模型。

如上所述，这个“青铜神坛”，既是古蜀先民对天地人三界的想象，又是积有世代经验的、独特的“龙门山地质地貌模型”。想象建立在认识上，认识积累在经验上。没有对龙门山长期的观察体验，无法做出这样的三界模型。

啊，想不到三星堆博物馆里，竟还隐藏着一个古老的地震秘密。这是一个用青铜凝固的信息，我们一下子参透，就会发现它多么有趣。这可是中华大地上最古老的地震消息呢。

在我国的中原地区，古代人认为大地是被一只大鳌驮着的。如果大鳌翻身，大地就会震动，发生可怕的地震。

世界上别的地震频繁的地方，人们也有类似的想象。日本人认为大地是被鲸驮着的，印第安人认为海龟驮着大地，都和大鳌驮着大地的说法有异曲同工之妙。

印度人的设想更加奇特，请听一位古印度的智者是怎么说的吧。

他告诉人们："我们脚下的大地是被三只大象驮着的。它们站在一条巨大无比的鲸的背上，鲸在大海里浮游。"

啊，这简直像叠罗汉，一个驮着一个。首先，这不是牢固的佛塔和宫殿，而蕴含着动的因素。其次，大海不是平静的，经常有风浪。再次，大象和鲸的力气再大，驮的时间长了，也难免要轻轻动一下。在三个环节中，任何环节出了问题，大地都会震动，所以地震也就是难免的。

你知道汶川大地震吗？从中可以总结一些什么经验教训？

火井县的天然气

诸葛亮视察的地方，炼铁熬盐不寻常

2000 多年前，四川邛崃地区冒出一股奇异的火光。奇怪的是，周围的人不但不着急，反倒一个个笑嘻嘻的。

啊，是失火了吗？这些人怎么没有一丁点儿同情心？

不，这不是失火。

这是天然气的火焰。西晋时期，文学家左思在《蜀都赋》里描述说："火井沈荧于幽泉，高焰飞煽于天垂。"这两句话文绉绉的，不容易一下子看懂，其实意思很简单：这里的地下有一种火井，冒出的火冲得高高的。

哎呀呀，这里的地下居然会冒火，是不是火山爆发？

哈哈哈，放心吧，这里没有火山，是地下天然气喷发。这是天然气田常见的现象，用不着担惊受怕。2007 年 12 月 11 日，在邛崃市固驿镇杨坝村，一口刚刚完成钻探的天然气井一下子发生井喷，火焰也喷射了老高，一点也不稀奇。

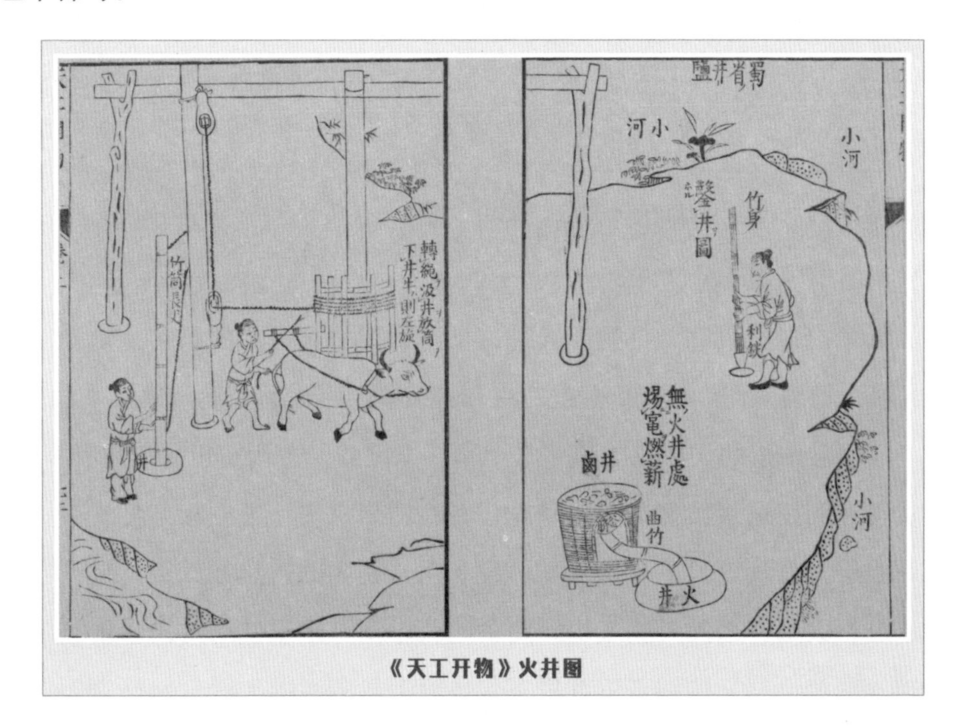

《天工开物》火井图

根据记载，早在秦汉时期，这里就发现了天然气井，这种井被称为“火井”。只消把火种扔进去，立刻就会引燃一团火，伴随着雷鸣般的声响，照亮了天空。人们利用它炼铁熬盐，发展生产，搞得热火朝天，直到三国蜀汉时期还很兴旺。诸葛亮也专门来视察过天然气的生产情况，提出改进办法，推动了这里的生产。天然气是支持他六出祁山、北伐中原的重要经济基础。

邛崃位于成都平原西部，原本名叫临邛，有“南方丝绸之路第一驿站”

的称号。“临邛火井”的名声，伴随着天然气的火光，很快就传遍四方。古时这里还有一条火井江，由于火井而得名。到了南北朝的北周时期（公元 557—581 年），人们干脆就在火井江上游取井火煮盐的地方设置火井镇。隋炀帝大业十二年（公元 616 年），火井镇被升级为火井县，直至元世祖至元二十一年（公元 1284 年）才被撤销，前后有 668 年设置县治的历史，可见这里的天然气生产多么兴旺。直到今天，这里还保留着火井镇的名字，供人们怀古凭吊。地质工作者也受到启发，在邛崃发现了巨大的天然气田。

人们为了铭记诸葛亮曾亲自视察火井、指导天然气生产的功劳，把这里盐井溪边的一座山岗命名为卧龙岗。山上还修建了一座南阳武侯祠，香火非常旺盛。每年人们还要放“孔明灯”表示纪念。

四川盆地里的天然气蕴藏非常丰富。据记载，古代四川盆地内有 20 个县发现和利用过天然气。南宋和元代，在四川自贡、富顺和荣县一带，人们对浅层天然气进行了大规模的开发利用。其中的自流井气田，是世界上最早进行大量开采的天然气田。到了明代中期，这里使用竹筒和木头制作的输气管线，总长达到二三百里，是世界上最古老的天然气输气管。要说这里是世界上最早开发利用天然气的地方，谁也不敢说半个不字。

国外最早使用天然气的是英国，时间是公元 1668 年，比古老的火井县晚了将近上千年，压根儿就不能与之相比。

超千米深井 燊海井

两千年开发历史，上千米先进技术

西亚有一个死海。信不信由你，四川省中部的大英县，也有一个“中国死海”。躺在这儿的“死海”水面上打盹儿、看报纸，自由自在随意漂浮，真是惬意极了。

咦，这是怎么一回事？原来这儿是有名的岩盐产区。人们把地下盐卤水引出来，灌满一个足球场一样大的凹坑，由于盐卤水的密度比人体的密度大得多，人就可以在水上漂浮了。

其实何止这一个地方，四川盆地里几乎到处都有丰富的岩盐资源。早在古代巴蜀时期，人们就在成都平原附近的邛崃一带，发现了“咸泉”和“咸石”，开采了食盐。秦灭巴蜀以后，蜀守李冰立刻就开凿了第一口盐井。西汉初期，这里又发现了天然气火井。用天然气煮盐方便得多，吃盐也更加方便了。时间一年年过去，各处的盐产地越来越多，特别集中在自贡一带，盐业生产中心也逐渐转移到这里。

自贡地下的盐很多，但是开采很麻烦。人们按照挖水井的办法，费尽了力气，也只能握着锄头挖出一口井，开采浅处的盐卤，更深的地方就没有办法了。

怎么办？想办法呀！

想呀想，人们终于想出一个办法：换一个思路，从挖井转变到凿井。

请别小看一个“挖”字到“凿”字的变化，这可是盐业生产技术的大转变。北宋仁宗庆历元年（公元1041年），人们用坚硬的钻头往下不断冲击，在岩石上凿出一个小孔，就可以源源不断汲取地下深处的盐卤了。

这种方法叫作“冲击式顿凿钻井法”，是当时最先进的技术。掌握了这种方法，盐井越钻越深。到了清朝道光十五年（公元1835年），人类有史以来的第一口超千米的深井被开凿出来，井深达到1001.42米。这口井既产盐卤，又产天然气，被称为“燊海井”。它的钻井技术，无疑是

当时的世界之最。

为了采集卤水和淘井，采盐的井口搭建起一个个高大的塔式天车，活像一座座高塔。燊海井周围 1.2 平方千米内，先后钻井 198 口，呈现天车林立、锅灶密布的壮观景象，有“天车多如麻筛”的说法。人们把它们称为“东方埃菲尔铁塔”，乍一看，二者还真的有些相像呢。

这一年，咱们中国在采盐技术上已经达到了世界第一。10 年后，美国钻井的最高纪录才达到 518 米。中国并不完全处于落后地位，不要自己瞧不起自己，燊海井的技术就是最好的证明。

自贡号称“盐都”，悠久的采卤制盐史，可上溯到近 2000 年前的东汉章帝时期（公元 76—88 年）。这里出产的盐被称为川盐，和沿海的海盐齐名。自贡这个地名，是由自流井和贡井两个大型盐场的名字组合而成的。

石油不是舶来品

石漆、石脂水、猛火油，熊熊燃烧多明亮

“石油”这个词儿我们实在太熟悉了；它也太响亮了，听得耳朵都要震聋了。

“石油”这个词儿是怎么来的？是跟随外国的石油大鳄传进中国的吗？

错啦，这个词儿可不是舶来品，是地地道道的中国土产。

石油的形成过程

你不信吗？有书为证。

最早提出“石油”这个词儿的，是公元10世纪北宋时期的《太平广记》。不久，著名科学家沈括在《梦溪笔谈》里，正式肯定了“石油”这个名词，说：“鄜、延境内有石油，旧说‘高奴县出脂水’，即此也。”

“鄜”是鄜县，就是今天陕北的富县；“延”是延长县。这两处都是产石油的地方。高奴县在今天的延安一带。“脂水”就是洧水，是延河的一条支流。东汉时期，历史学家班固在《汉书·地理志》中就明确写道，“高奴县有水可燃”，说的就是这回事。

石油从来就叫这个名字吗？

也不是的。古时候，石油还叫“石脂水”“猛火油”“石漆”等许多名字，说来说去都是一回事。

甭管“石脂水”“猛火油”“石漆”，还是“石油”，中国人什么时候首先发现它？这也有书为证。

有人说，《易经》里有一段奇怪的记述说“泽中有火”“上火下泽”，就是说的石油。“泽”是什么？就是湖泊和池沼。“泽中有火”这句话是说外泄的石油在水面上起火燃烧的现象。“上火下泽”说的是漂浮在水面上的石油火焰和下面的湖沼的关系，把二者的关系说得清清楚楚的。如果这是真的，从发现石油至今就有3000多年了。

古人发现了石油，有什么用处？同样也有书为证。

根据《后汉书》和《博物志》的记载，当时在酒泉郡延寿县（今天甘肃玉门一带）的南山，有一种叫“石漆”的东西，是从石头缝里流淌出来的，燃烧起来像火炬，所以它又叫作“火泉”。

石油藏在哪儿？北宋的沈括说，它产生在水边，经沙石和泉水互相混合，慢慢渗流出来。明代的杨慎说，它从火井里冒出来。

《博物志》还说，这种石漆可以用来做“膏车”，就是润滑车轴的润滑油。

唐代的《元和郡县图志》记载，北周武帝时期，酒泉被包围，守军用石油浇泼敌人的攻城器械，将其一把火烧个精光，取得了最后的胜利。

到了宋代，石油在军事上的用途更加明显。一些西北边城挖掘出一个个大坑，用来储藏“猛火油”，作为战备的需要，这简直就是油库呀。

南宋爱国诗人陆游在《老学庵笔记》里，还有用“石烛”照明的记载。明代李时珍在《本草纲目》里还介绍说，石油可以主治小儿惊风，可以和其他药物配置丸散，涂抹在皮肤上治疗一些疮癣，还可以治箭头射进肌肉的创伤。石油一旦被人们认识和掌握，用途可多啦。

瞧，古代中国对石油的记述如此详细，使用如此广泛，难道还不是世界上最早发现和利用石油的国家吗？

燃烧的黑石头

沉睡地下的煤层，蕴藏着一团烈火

公元1295年的冬天，马可·波罗在中国生活了17年后，万里迢迢回故乡威尼斯，把他在中国看见的许多新鲜事情，一件件讲给乡亲们听。

他告诉大家，中国有一种黑石头，可以像木柴一样燃烧，火力却比木柴强得多，整整一夜也不会熄灭。大家惊奇得瞪大了眼睛，不知道是不是真的。他会不会信口开河，编造一些离奇古怪的故事欺骗大家?

马可·波罗没有说谎，他说的这种可以燃烧的黑石头就是煤呀。只不过当时欧洲人还没有见过煤，才觉得它很奇怪。

马可·波罗不知道，中国早在新石器时代晚期就发现煤了。

中国古代冶铁场景复原雕塑

《山海经》记载说:“女床之山，其阳多赤铜，其阴多石涅……”石涅就是煤。有人考证，女床山就是陕西凤翔的岐山，属于秦岭的一部分。这段话表明，这座山的南坡出产赤铜，北坡出产煤，煤的产地被说得清清楚楚的。

说秦岭产煤还有证据吗？

有呀！白居易在《卖炭翁》中说：“卖炭翁，伐薪烧炭南山中。满面尘灰烟火色，两鬓苍苍十指黑。”诗中说的南山也是秦岭，进一步印证了秦岭里有煤矿。这个卖炭翁，脸和手指沾满了煤灰，作者的描述，活脱脱勾画出一个老矿工的模样。

马可·波罗还不知道，中国许多地方在汉代就已经用煤做燃料了。考古学家在河南巩义市铁生沟、郑州古荥镇和山东平陵的汉代冶铁遗址里，都发现了用煤的痕迹。

司马迁在《史记·外戚世家》里，记述窦皇后的弟弟窦少君在挖煤的时候，由于矿坑崩塌，上百人死亡，只有他侥幸逃生。这是最早有记载的特大矿难事件。

魏晋南北朝时期，今天辽宁抚顺地区的人们挖水井和菜窖时，一下子就挖到浅层的煤，发现了著名的露天煤矿。

到了北宋时期，许多地方都发现了大煤矿，设立了煤炭专卖机构，煤炭业成为国家收入的一个重要部分。老百姓也开始用煤作为主要燃料，用

其代替了传统的柴草。

所有这一切，马可·波罗都不知道，他的老乡更加不相信，不知道中国早就是产煤和用煤的大国了。公元 315 年，西方才有关于煤的最早文字记载，比我国晚了近 800 年。英国直到公元 13 世纪才开始采煤，比我国晚了 1400 多年。

明代末年，有一个名叫方以智的人，在《物理小识》里记录了焦炭，说明在密闭的情况下，煤可以经过燃烧变成焦炭，可以用来炼铁。

明代宋应星在《天工开物》中指出：根据地面的土质颜色，就能判断出地下是不是有煤；使用竹筒可以排除煤层的毒气。

千古中条一池雪

黄土高原上，有一颗咸心脏

人们的生活中没有盐可不行，别说吃东西没有一丁点儿滋味，对身体健康也不好呀！如果没有盐，日子一定好不了。一般说来，海边的盐多，内陆的盐少。住在内陆的人们，吃盐比海边的人困难得多。古时候，内陆的人们吃盐就更加困难了。

华北内陆的中条山下，自古以来就有一个盐池，早在上古时代，人们就开始在这儿采盐了。人们说，这简直是上天的恩赐。

这是什么地方？就是今天山西省西南角的运城盐池呀。

这个盐池藏在一个低洼的盆地里，远远望去一片白茫茫，活像六月阳光下的冰雪，形成一派奇观。现代剧作家田汉描述说“千古中条一池雪”，真的形象极了。

这儿有这样丰富的天然食盐，生活在当地的古人就不用发愁了。从前人们要吃盐，只消在湖面上去捞就得啦，压根儿就不用花钱，也不用费力气。

随着时间的推移，有人开始想，这样不行呀，要想办法改进一下生产才好。

为什么人们这样想？因为这个盐池有名了，四面八方的人都等着要盐。可是等湖面结晶生成盐太慢，要想大量出产就不行了。再说，完全依靠天然晒盐，不仅产量没有保证，盐的质量也不好，这样的盐叫“苦盐”。

不成，不能完全依靠大自然的赏赐，必须自己掌握盐的生产才行。人们反复摸索，到了唐代，终于找到了一个好办法，叫作“垦畦浇晒法”。

这是什么方法？一听这个名字就清楚了。“垦”是“挖”，“畦”是“沟”，“浇”和“晒”压根儿就不用解释。说起来很简单，只消挖一条条宽阔的地沟，把盐池里的卤水引进来，经过太阳晒就得啦。这些人工开挖的晒盐沟，沟头沟尾都有门，可以随意开关，控制卤水流量，扩大盐田面积；再将盐进一步加工，质量也大大提高了，比单纯依靠老天爷在湖上慢慢晒好得多。

别小看了这个“垦畦浇晒法”。根据《新唐书·食货志》记载，到了唐代宗大历年间，这个盐池每年的收益一下子大大提高，占了全国盐业收入的四分之一，占财政总收入的八分之一。这是产盐技术的重大进步，我国领先西方国家大约1000年。英国科学家李约瑟博士称赞说，这是“中国古代科技史的活化石”。

运城盐池又名解池、银湖。前一个名字和当地古名解州有关系，后一个名字充分表现了它一片白花花的景观特色。

运城原本是盐池边的一个小村子，名叫潞村。后来随着盐业兴旺，人们将盐运往四面八方，这里就改名为运城，意思是“盐运之城”。从潞村到运城，反映了这儿盐业生产的发展过程。

裴秀的“制图六体”

定方位，测远近，这样的地图不致迷路

晋朝开始的时候，有一位了不起的地理学家，起初是司空，后来做了宰相。这个人值得好好提一下。

他是谁？就是山西闻喜人裴秀呀。

“秀”呀“秀”的，是不是一个秀里秀气的大姑娘？

哈哈，错啦！汉光武帝刘秀也叫“秀”，可是一个下巴上长满了胡子的大男人。

司空是干什么的？“空”是不是什么也没有，司空就是“不管部长”？

说错啦！司空这个官职从西周就有了，管天管地，什么都管，主要管各种各样的工程，算是“建设部长”吧。晋朝的司空地位很高，是朝廷的“八公”之一。

这个裴秀，后来真的官居一人之下、万人之上，当上了宰相。他当然不会忘记自己的老本行，就像后来的一些宰相，自己是什么专业出身就推行什么，一点也不含糊。

裴秀是搞工程建设出身的，当然特别注意工程建设问题。要搞好全国建设的基础，得有一张好地图，他就大抓特抓地图了。

看起来他似乎还做过随军参谋。因为他根据“六军所经，地域远近，山川险易，征路迂直”，也就是从行军路线所掌握的位置远近、山川情况和路线弯直，仔细校对了原来曹操建立的魏国留下的旧地图，发现了一些问题。

唉，别瞧曹操虽是一位雄才大略的军事家，可他留下的地图实在太粗略，加上地名改变，不得不重新彻底修改一下。于是裴秀就带领自己的助手们，以旧地图为基础，编制了我国最早的地图集《禹贡地域图》，还有《地形方丈图》，给全国建设打好了基础。

清代马征麟版《历代地理沿革图》插图：《禹贡》九州图

裴秀不仅是地图编制工作的优秀组织者，也是优秀的研究专家。

裴秀经过自身在实践中的研究，提出了有名的“制图六体”，就是编制地图的六个基本原则。

一是“分率”，用来表现面积、长宽的比例，也就是现代地图的比例尺。

二是“准望”，用来确定地貌、地物之间的方位关系。

三是“道里”，用来确定两地之间的距离。

四是“高下”，就是地物的相对高程。

五是“方邪”，就是地形的坡度。

六是“迂直”，就是地形高低起伏和图上距离的换算关系。

裴秀的这一套编制地图的方法，对绘制地图非常重要。他认为“制图六体”是相互联系的，只有将这六体联系在一起，才能画出一张好地图。从前画地图，压根儿就不管地物方位、远近比例、地形高低、坡度大小，只在一张白纸上标出地名。用这样的地图打仗和搞建设，准会晕头转向。他的这一套理论，奠定了地图学的基础。裴秀也因此与古希腊著名的地理学家托勒密齐名，在我国和世界地图制图学史上有很重要的地位。

据说，黄帝和蚩尤打仗，就用了一种表示“地形物象”的地图。请注意，这仅仅是“据说”。

春秋战国时期，就正儿八经出现了各种各样的地图，有的用于军事，有的出于政治需要。信不信由你，有的还和丧葬有关系，是为了给国王布置陵墓用的。《周礼》中就有十几处，记载着有关土地和矿产的“司徒所掌之图”、有关行政区划的“冢宰之图”、有关墓地范围的“宗伯之图”，以及全国性的“司马之图”等。

战国中山王墓葬里，有一张镌刻在铜版上、用金银镶嵌的墓葬平面图，证明了《周礼》里的“宗伯之图”完全可以相信。

山东临沂的银雀山西汉墓中出土的《孙膑兵法》残简上，有讲述地形、地图对用兵重要性的文字，还“附地图九卷”。可惜珍贵的附图已经在历史烟云中散失了。

西汉以来，地图的种类就更多了。长沙马王堆三号墓里，有三张画在帛上的彩色地形图、驻军图和城市图。图上包括的地方，大致相当于今天的湖南、广东、广西等地。

自己动手画一张你家附近的地图，注意方位和比例尺不要弄错。

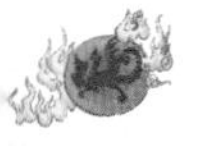

贾耽和《海内华夷图》

一位高官地理学家，一辈子迷上了画地图

说了裴秀，还得说贾耽。

贾耽是谁？他是唐代中期的“四朝元老”，历经了有名的唐玄宗和后来的唐肃宗、唐代宗、唐德宗四个皇帝在位的时期，官拜“同中书门下平章事”，后来又做了“检校司空”“左仆射”。请注意，他的官衔里也有“司空”两个字。他似乎和裴秀一样，也主管过建设部门。不消说，从工作出发，他必定也对绘制地图非常关心。

唐玄宗在位的开元、天宝年间，社会经济十分繁荣。而突然发生的“安史之乱”，使大唐王朝受到沉重打击。不仅中原地区乱成一团糟，包括河西走廊在内的边疆许多地方，也被吐蕃等势力趁机占领，大唐一下子失去了许多土地。时间一天天过去，人们逐渐忘记了这些地方的地理形势，造成了“职方失其图记，境土难以区分”的尴尬情况。贾耽十分焦虑，决心编制一张地图，以满足政治和军事的需

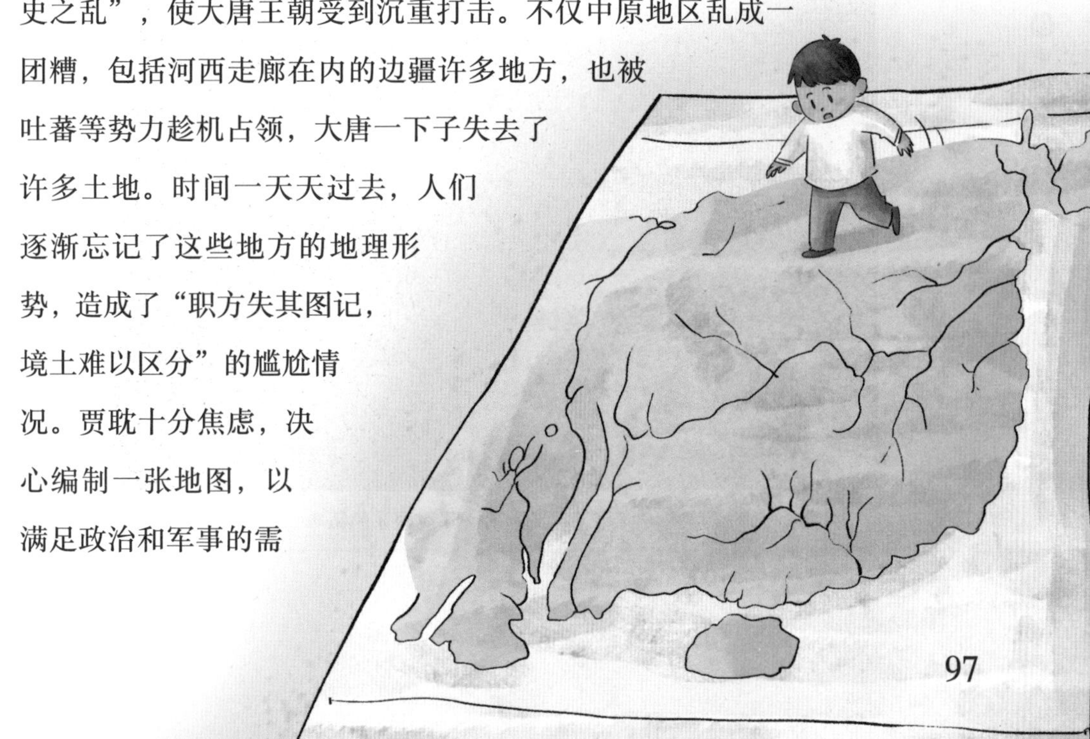

要，并提醒人们不忘旧日的疆土。

为了制作这张地图，他访问了许多人，也查阅了许多资料，按照裴秀“制图六体”的原则，终于在唐德宗贞元十四年（公元 798 年），编绘了一张《关中陇右山南九州图》。地图清楚记载了各地的山川关隘、道路桥梁、军镇设置等内容。同时，他用文字记述了地图不能表达的政区面积、户口人数、山川源流等情况，汇编成《关中陇右山南九州别录》和《吐蕃黄河录》，希望能够作为以后收复失地的参考。

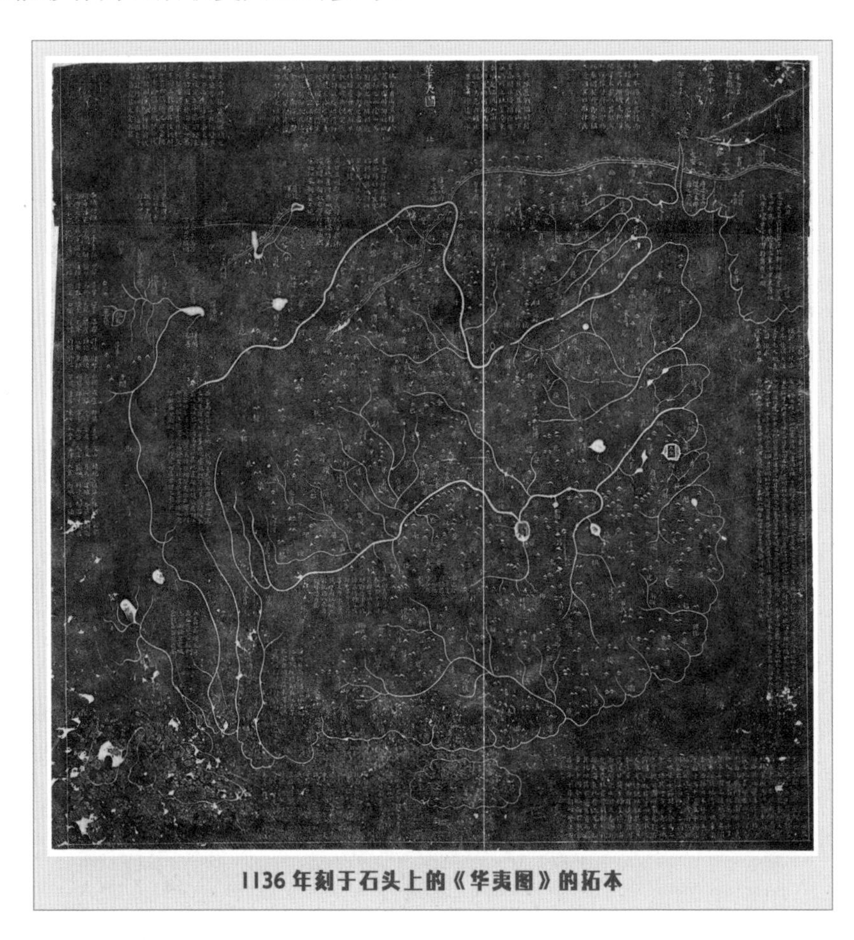

1136 年刻于石头上的《华夷图》的拓本

他非常喜欢地理科学，并搜集有关资料。由于职务关系，他有机会接触许多外国客人，也有机会在国内到处考察。不管外来使者，还是出国的人，他都要仔细询问。从兴元元年（公元784年）到贞元十七年（公元801年），经过17年的资料积累，他又绘出了一张有名的《海内华夷图》，同时撰写了《古今郡国县道四夷述》。特别是前者，是一张具有时代意义的地图。

《海内华夷图》有三个特点。一是图幅范围很大。除了国内和毗邻的边疆地区，它还包含了海外许多国家和地区，简直就是一张小范围的亚洲地图。二是严格使用统一的比例尺，以“一寸折地百里”，相当于1∶180万的比例尺，所以地理轮廓比较准确。三是地图上同时标示古今地名。地图上别出心裁地用黑色表示古代地名，红色表示本朝地名，古今情况一目了然。这张地图内容丰富，流传了500多年，对后世有很大影响。虽然原图不存在了，但是在南宋高宗绍兴六年（公元1136年），缩小刻在石头上的《华夷图》，一直保存到现在。

根据裴秀的“制图六体”原则，我国古代地理学家创造了“计里画方”的制图方法。这是一种按照比例尺绘制地图的方法。图上布满方格，很像现代地图上的经纬度网格。裴秀以“一寸折百里”的比例尺，编制了《地形方丈图》。唐代贾耽以“一寸折百里”的比例尺，编制了《海内华夷图》。北宋沈括以“两寸折百里”的比例尺，编制了《天下州县图》，又称《守令图》。宋代还有一张《禹迹图》，反映了黄河、长江、珠江等各大水系的河湖分布情况。更加值得注意的是，图上有共计5110个方格，“每方折百里”，大约是1∶180万的比例尺。元代朱思本也用这种方法绘制了全国地图《舆地图》。

徐霞客游记

徐霞客、徐侠客，大无畏精神的化身

啊，徐霞客！

啊，志在四方的大旅行家，脚踏实地的大地理学家！

徐霞客从小就博览群书，特别喜爱地图，立下了走遍天下山水的壮志，发出“大丈夫当朝碧海而暮苍梧”的志向。

他是这样想的，也是这样做的。在母亲的鼓励下，从 21 岁到 54 岁，他几乎年年都要外出考察，两只脚踏遍了长江、黄河、珠江，以及五岳名山。甚至是偏僻的云贵高原，都留下了他的足迹。

他登山必登顶，进洞必到底，沿河必穷究不舍，显示出大无畏的科学考察精神。

他走，他看，他思索，发现了无数大自然的秘密。

他一生钻了上百个洞穴，给千奇百怪的岩溶地貌（又称喀斯特地貌）一一命名——有的叫“盗井”，有的叫“盘洼”，有的叫“天生桥”。他是世界岩溶地貌学的老祖宗。

他在崎岖不平的河床内发现无数如灶、如臼、如樽、如井的“圆穴”，就是现代地貌学所说的壶穴。直到今天，有人还不明白，大吹大擂那是什么第四纪冰川遗迹“冰臼”，认识足足倒退了400多年。

他确定了万里长江的上源是金沙江，而不是历代误传的岷江。

他辨明了西南地区许多河流的源流，认识到元江、澜沧江、怒江都独立入海，纠正了从前的错误观念。

他深入研究火山、温泉、地下水，发现了许多科学现象和规律。

啊，徐霞客!

啊，千古奇人徐霞客，简直是一位大侠客。

他勇于攀登，不怕危险。有一次，他攀登雁荡山的一道峭壁，架上梯子也没法到顶，就砍了木头插在石头缝里向上爬。这样还够不着，他干脆把梯子架在木头上，最后将绳子绑在树上，才气喘吁吁登上崖顶。这样的事情不止一次，他真是名副其实的勇士。

他曾经三次遇到强盗，几次半路绝粮，依旧勇往直前，毫不动摇。

徐霞客呀徐霞客，了不起的大探险家，留下厚厚的《徐霞客

游记》（后世流传的有十卷、十二卷、二十卷等数种），是珍贵的探险记录，是深奥的科学著作，也是文采飞扬的游记文学作品。有人称赞《徐霞客游记》是“世间真文字，大文字，奇文字”，一点也不过分。

徐霞客的足迹遍及今天的19个省、市、自治区。通过实地考察，他撰写了260多万字的游记。可惜游记遗失了一大半，今天只留下60多万字，是我国民族文化的宝贵财富。

写一篇游记，尽可能把看见的自然现象解释清楚。

大将军立碑作秀

沧海变桑田，海陆互交换

“沧海桑田”这个成语，表达了海陆位置的相互变化，也延展为世事变化无常的意思。

这个成语是谁最先说的?

最早说这个成语的是老子。他在《道德经》里说：“桑田变沧海，我为之添一筹。沧海变桑田，我又为之添一筹。今观海屋筹，忽已三千年矣。”

请注意，这是我国最早知道地壳有反复升降的记录。

在老子这个说法提出来后，东晋的葛洪也在《神仙传》中，十分明确地指出“东海三为桑田”。

一些为爱情深深陶醉的年轻人，也曾经发出过“任随海枯石烂，我你永远不变心”的誓言。这话说起来，也包含了预见大海枯竭的遥远结果。

其实西晋的开国元勋杜预，也曾经为此作了一次秀。杜预领兵平定东吴，为实现全国统一立下了大功劳，人人都恭维他。他觉得还不满足，要把功名留到遥远的后世才行。于是他就命人刻了两块纪功碑，一块放在岘山上，一块沉在万山下。杜预对身边的将官说：“谁知道以后这些地方会不会互换位置，成为山峰和山谷呢？”不管这位大将军多么作秀，他的观点是正确的，反映了对海陆变迁的认识。

北宋科学家沈括在《梦溪笔谈》里记述，自己在太行山的崖壁上发现螺蚌的化石和卵石，推测这里曾经在海边。他指出，虽然现在这里东面距海已经近千里了，可是过去曾经是海滨。今天看见的陆地都是淤泥沉积而成的。传说尧杀鲧的地方，在东海中的羽山，可是如今的羽山在陆地上了。黄河、漳河、滹沱河、琢水、桑干河等河流，都是含有大量泥沙的浑水。这些河流携带着泥沙年年向东流，必然都沉积为陆地。

《离骚图》之《天问传》插图

1645 年 | 明末清初画家萧云从绘

描绘的是鲧被长期禁闭在羽山的情形

唐代诗人白居易也曾经对沧海变桑田的过程提出自己的看法。他认为海浪冲刷陆地，带

来大量泥沙，就是使大海淤积成陆地的主要原因。

海陆变迁的过程十分缓慢。古人通过细微的观察，做出合乎科学的解释，很了不起呀。

根据我国渤海湾西岸近10万年的地质钻孔岩芯资料，渤海在温暖气候期间，曾经发生过三次明显的海浸。

沧州海浸：距今大约6万年，海水越过现在的津浦铁路线，淹没了沧州市，生成了地下50～60米深处的海相沉积层。

献县海浸：距今大约3.2万年，海水淹没了天津市周围的地区，直至冀中平原的献县一带，生成地下30～35米深处的海相沉积层。

黄骅海浸：距今1万年左右，海水达到了河北省的黄骅，生成地下5～10米的一段海相沉积层。1978年，在北京王府井金鱼胡同10米深的地层中，发现了鲸脊椎骨化石和介形虫化石。据此判断，当时的北京市区也在这次海浸的范围内。

沧海桑田是什么意思？你还能找到证据吗？

图书在版编目（CIP）数据

改变历史的中国古代科技. 天文　地理 / 刘兴诗著. -- 北京 : 人民邮电出版社, 2024.5（2024.7重印）
ISBN 978-7-115-63370-5

Ⅰ. ①改… Ⅱ. ①刘… Ⅲ. ①科学技术－技术史－中国－古代－儿童读物 Ⅳ. ①N092-49

中国国家版本馆CIP数据核字(2024)第050474号

◆ 著　　　　刘兴诗
责任编辑　张天怡
责任印制　陈　犇

◆ 人民邮电出版社出版发行　　北京市丰台区成寿寺路 11 号
邮编　100164　　电子邮件　315@ptpress.com.cn
网址　https://www.ptpress.com.cn
北京九天鸿程印刷有限责任公司印刷

◆ 开本：700×1000　1/16
印张：6.75　　　　2024 年 5 月第 1 版
字数：100 千字　　2024 年 7 月北京第 3 次印刷

审图号：GS（2024）0538 号

定价：35.00 元

读者服务热线：(010)81055410　印装质量热线：(010)81055316
反盗版热线：(010)81055315
广告经营许可证：京东市监广登字 20170147 号